数学符号
理解手册

[日]黑木哲德 著

赵雪梅 译

Mathematical Symbols：A Comprehensive Handbook

（修订版）

学林出版社

序

  人类之所以超脱了动物而成为地球的圣灵,是因为人发明了自己的语言和文字,而数学的符号则是语言文字范畴中最原始而又最精华的部分,它构成了人类逻辑思维、科技进步的基础.

  数字是数学符号的基础,不同地域不同种族不同文化的人群几乎选用了相同的数字系统.十进制数字,它与人的十个手指——人类赖以工作的最重要器官——密切相关.而表示数的形式又如此相似,不同地域不同种族不同文化的人群表示数的符号都直接和量相关,你看:$1,2,3\cdots$,一、二、三$\cdots$和Ⅰ、Ⅱ、Ⅲ$\cdots$多么相似.

  数学符号的演变和进化是人类智慧积累和进步的集中体现.如果说四则运算的$+$、$-$、$\times$、$\div$是人类记录自然的开始,$\angle$、$\odot$、$\square$等则开始了人类对空间描述的历史;而$\int$、$\frac{\partial}{\partial x}$、$lim$实现了人类的思维从有限运算向无限运算的飞跃,那么数学符号的组合使用则构成了人类思维与创造的美妙图案.你再看:描绘数列极限的过程奇妙地表示成:

$$\lim_{n\to\infty}x_n = A \Leftrightarrow \forall \varepsilon > 0, \exists N \in \mathbf{N}, \forall n > N \Rightarrow |x_n - A| < \varepsilon.$$

  有人说,逻辑是人类思维的顶峰,那表示逻辑的数学符号则是逻辑的天书,$\cup$、$\cap$、$\subset$、$\supset$、$\oplus$等集合运算的符号把人类的智慧引到了登峰造极的殿堂.

  数学的符号,是人类智慧的结晶,是人类攀登科学高峰的阶梯.

项家祥

译　者　序

　　埃及金字塔、中国万里长城、科潘玛雅遗址、日本京都清水寺、法国沙特尔大教堂……这些雄伟壮观的世界遗产不仅见证了人类文明的发展,而且蕴含了丰富的数学知识.伴随着人类在地球上的出现,数学诞生了.

　　数学可不是个老古董.它像个赶潮流的人似的,紧紧地追随着时代的节奏,不断地发展着,使它在自然科学和社会科学中具有不可动摇的地位.而且,它又不像通天塔上的宝物那样遥遥不可及.它离我们这么近,以至于我们还在牙牙学语时就结识了它.数数、算术、代数、平面几何、立体几何、微积分……这些称呼的变化就是我们长大的标志.这样,数学成了每次升学考中必不可少的科目.

　　总会从某个学校、某个角落传出诸如此类的话:

　　"你看呀,这么多奇形怪状的符号,这么多我不认识它而它认识我的公式,记也记不住,烦死人啦……"

　　"就是嘛,数学怎么这么难.不想学了."

　　"可是我觉得数学蛮好玩的嘛.特别是找到解题方法时,好有成就感."

　　"文科还要学高等数学,我还以为进了大学就可以把讨厌的数学丢了呢."

　　"公式并不要全部背出来的,它们之间是有联系的.像我,就只记住主要的.到时候,灵活运用就可以了."

　　学生时代的我们对数学的评价可谓五花八门,有人欢喜有人忧.我记得自己就抱怨过数学.某些对数学怀有严重抵触情绪的同学还将这种情绪引申为对数学老师的反感呢.如今,我却有这么一本好书,让我安安静静地复习了一次数学基础知识.这本书就是黑木哲德教授的《数学符号理解手册》.

黑木哲德教授的《数学符号理解手册》以幽默的文笔、精彩的故事和生动的插图,向我们展现了一个趣味盎然的数学王国.他带领我们从十、一、×、÷开始走访了数学符号家族,作了一次短暂的时间旅行.在这期间,我们不仅了解了每个符号成员的成长故事,而且通过横向联系、纵向延伸,系统地整理了从小学到大学的数学基础知识.在轻松的阅读过程中,孩子们增长了学习数学的兴趣,记住了烦人的数学公式,提高了综合思维的能力;父母们既回味了自己的学生时代,也温故而知新了.

学生们都喜欢阅读课外读物,选择怎样的读物很重要.一本趣味读物可以满足好奇心,提高求知欲.一本好的趣味读物,可以改变学生的好恶.记得上小学时,我读过一本记述大数学家高斯小时候的故事的书,书中介绍了高斯对各种数学题目的解法,譬如说如何巧妙计算1到100的和.那时候,父母建议我不要单纯地看,而要拿出纸和笔,写写做做,再和书上说的对比一下.当我的解法和高斯的不谋而合时,不用父母表扬,自己都会有种自豪感和成就感.《数学符号理解手册》就是一本有益的读物.尽管它不是习题集,可是它帮助你掌握和懂得运用数学公式,这才是解题的关键.

本书作者黑木哲德从事教育工作37年.他在日本著名的名古屋大学理学部取得理学博士学位,现在除了担任日本国立福井大学教育地域科学部的学部长外,还担任日本数学会教育委员会委员长、日本综合学习学会副会长和日本数学协会干事等职务.他虽然潜心研究拓扑几何和微分几何,但始终没有放弃对数学教学工作的研究.他经常到小学、初中和高中去讲课,激发学生学习数学的热情,训练并提高他们的数学综合运用能力.他不仅在日本国内举行讲座,而且还作为日本文部省的使者多次到海外讲学,交流教学经验,促进数学教学兴趣化、轻松化.最近,他作为上海师范大学客座教授活跃在上海数学教学研究领域. 为了让更多的人分享数学的乐趣,喜欢这门"枯燥"的学问,他在百忙中抽空写了这本书.《数学符号理解手册》这本书出版后,深受读者喜爱,再版数次,还进入过日本图书销售排行榜,并且连续获得亚马逊五星. 作者的另一本书《入门算数学》也享有同样的殊荣. 这次,通过《数学符号理解手册》的中译本,作者表达了他的心愿:

Mathematics has no passport, as he is ours—human being's. In fact, there have been many Chinese mathematicians leaving their names in the history of mathematics. We respect their achievement. I would like to share my enjoyment at mathematics with Chinese readers. I hope some of you could solve those unproved theorems and hypotheses in the future.

(数学作为全人类的财产,是没有国界的. 许许多多的中国数学家将他们的姓名铭刻在数学历史的长河中,受世人敬仰. 能够和中国的读者们分享数学的乐趣是我的荣幸. 希望在将来,你们中的一员能够为那些尚未证明的定理和猜想找到答案.)

《数学符号理解手册》的中译本始终得到黑木哲德教授的支持和鼓励. 舒樱为中译本所作的插图生动活泼,富有创意,有助于我们理解基本的数学概念. 刘培建承担了有关集合内容的初译,而且为中译本汇编了数学家们的简短生平介绍,方便读者阅读. 在此感谢他们的支持和协助.

作 者 原 序

人们常说:社会的进步,只会产生需要渊博知识的脑力劳动和单纯的体力劳动的两极分化.也有人说:单纯的体力劳动迟早会被电脑和机器人取代……你看,这么一来就找不到回避数学的理由了.为什么这么说呢?那是因为无论何种形式的渊博知识都离不开数学及其思维方法.

数学因为它的抽象性,使得众多符号纷纷登场.也由此,让人觉得数学好难学.尤其是在更深奥的领域内,使用符号的场合也就更多.

回顾悠悠的人类历史长河,不难发现,为了更简洁、为了更容易书写、为了解决更多的问题,经过一代人接着一代人的钻研,数学符号相继诞生了.

同时,通过符号化,数学不再是属于数学家的专利,而成为平凡的我们也能接触的学科.符号的使用和发展可以说体现了知识的平等化过程.

21世纪将不可避免地沉浸在符号的海洋中.习惯了一些符号化的我们只要作些小小的努力,理解数学就不是一件难事了.这时,再添上一点点耐心的倾听就更理想了.

本书是一本通过数学符号来对从小学算术到大学微积分的内容作解说的书.原则上,每一讲都是独立的,所包含的内容也是形形色色的.有的讲座连躺着都能阅读,而有的讲座则需要点纸和笔做帮手.出于大众化的考虑,我尽量留意不使用数学公式,而采用通俗易懂的说明方法.为此,数学的严密性作出了牺牲.当然,有的讲座中会出现不得不使用的专门知识或者数学公式;并且,还会出现重复说明的情况.

如果这本书能够成为想重温数学以及更进一步了解数学的人的领航员的话,我深感荣幸.另外,新时代是终身学习的时代,大家能够从与习惯不同的层面出发接触数学,从而对数学产生更大的兴趣,那我会更加喜悦.

我还有一个奢望,那就是:本书能够成为高中生一窥数学的魔镜;能够成为大学生学习的好帮手;能够成为爱好数学、希望深入了解数学的朋友的密友.如果本书有幸得到各位宠爱,使各位爱不释手的话,那将是我莫大的幸福.

写完整本书,发现在个别内容上稍有操之过急、流于形式,整体上,我的想法是以符号的观点为出发点,为了更加浅显易懂和更加趣味化,对已经熟知的内容多下了点功夫,多少做到使其色香味俱全.

最后,为了轻松阅读,本书还添加了漫画.负责漫画插图的是数学教师高塚直子.她的画可以使人心情轻松,希望这些漫画能够给各位带来快乐.

本书的策划意向来自编辑部的大塚记央,没有他的大力协助,本书是完不成的.在此对他的坚持不懈的耐心等待表示感谢.

本书是我敬献给大家的一份舒心的礼物,衷心希望大家能够喜欢它.

写于 2001 年 8 月吉日

作者

目　　录

第 Ⅱ 部　大学的数学文化、集合

第 Ⅲ 部　矩阵、矢量、线性代数

第Ⅳ部　你也是数学超人，攻陷微积分及其同盟

第Ⅰ部

出现在小学、初中和高中的数学符号

第1讲 ＋，－
为什么－（－1）＝1

上课喽！

传说在中国古代,人们用⊥ 和丅 这两个符号来表示加和减.但是,在现代人的眼中,这两个符号就像两个毫不起眼的图钉.

第一个使用＋和－这两个符号的人是德国人约翰内斯·韦德曼(Widmann, J.).他在 1489 年出版的《适合所有商业的漂亮敏捷的计算法》中首次使用了这两个符号.起初,这两个符号并不是表示运算符号的加号(＋)和减号(－),而是用来表示量的多少,比如＋1 表示多 1 个,－2 表示少 2 个.

＋和－这两个符号具有两种不同的含义.一种是像＋7 的＋、－8 的－,表示数字的正值和负值.另一种是作为运算符号在计算中使用.

在 2＋3 中,＋是表示"2 和 3 相加"的运算符号.在 9－5 中,－是表示"从 9 中减去 5"的运算符号.但是,在像 2－5＝－3 这样的算式中就不那么简单了.等号左边的－是运算符号的减号,等号右边的－是代表负值的符号.

一般情况下,正数前的"＋"号是被省略的.例如正 7,写成 7 而不是＋7,也不会写成 2＋5＝＋7.由于数学基本上是以"简单最好"(the simple is the best)为原则的,在不造成混淆的前提下,能省略的部分都可以被省略,因此,只要能够明确表明正数和负数的区别,写上－号作为负数的符号,也就没有必要再一个一个地写上＋

（韦德曼所写的书中的一页,摘自《数学史》,大竹出版）

号了.

　　在履历表之类的表格中,经常出现"在男或女中选其一画圈或打钩".从印刷方便的角度来看,只要在两者之间选一种来印刷.与自己的性别不同时,在上面画个叉就行了.可是这样一来,最终会因为选哪种性别来印刷而引发针锋相对的辩论.可见,在这种情况下,"简单最好"就不是一种明智的做法了.

　　无可非议的是,"2＋3"不能写成 23 或者"二＋三".作为运算符号的＋和－是不能被省略的.还要提醒大家注意,只要在－号上添上一笔,它就会摇身一变,变成＋号.老师们在批阅试卷时,扣 5 分记作－5,可转眼之间变成了＋5."老师,这儿少了 5 分",理直气壮地来问为什么的学生还真有那么几位.也是,给这种会动小脑筋的学生加 5 分还是可以考虑的哟. (It is a joke!)

　　可见,表示正负的符号＋、－,其符号本身也能运用在演算上(或许叫运算更为合适).

　　让我们在脑海中勾画出一条数射线(如同横放着的温度计),以 0 为基准,右侧的是正数,左侧的是负数(冰点以下).重要的是以 0 为基准的正数和负数处在相反的位置.以数字 5 为例.添上＋号后,这个＋5 其实是原本的 5.而－5 以 0 为基准,位于与 5 相反的位置.我们把带有＋、－这两个符号的情况理解为表示"方向"的概念.那么,＋号是一个数即使添上它,也不会改变方向的符号.而－号是只要一带上,就表示方向相反的符号.譬如,东面就变成了西面.因此,－(－5)等于＋5,＋(－5)等于－5.

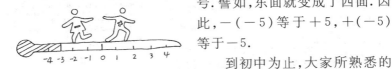

　　到初中为止,大家所熟悉的数的世界称为实数.

　　在英语中,实数读作"real number".因此,大多数情况下,用符号 **R** 来表示全体实数.

作为一种常识，大家都知道两个实数 a 和 b 是可以相加的，$a+b$ 的结果也一定是实数.然而,在数学中,有必要对此作出严谨的定义.

具有以下性质的运算被定义为加法：

(1) 能够交换：

$$a+b=b+a（称为交换律）.$$

(2) 3 个以上相加时,可以改变加法顺序：

$$a+(b+c)=(a+b)+c（称为结合律）.$$

(3) 存在一个特别的数 0(零)能使下式成立：

$$对于任何实数 a,有 a+0=a.$$

(4) 一定存在满足方程 $x+a=0$ 的数 x.

这个数是 $x=-a$,称为加法运算中 a 的相反数.这里的 - 是负数的符号.

具有上述性质的数称为"在加法运算下是封闭的".具有这些性质的数的集合称为"群"(group).实数可以组成一个加法群.

作为演算方法的 - 是计算满足方程 $z+a=b$ 的数 z 的运算.也就是说,减法被定义为加法的逆运算.得到的 $z=b+(-a)$ 写成 $z=b-a$,这就引入了一个新的演算方法——减法运算.

为加法和减法两者之间的自由行走提供保证的构造是被称为"群"的构造.从这一点上讲,数学也是一门构造的学问.

在全体自然数中,加法和减法无法随意转换(由于自然数不包含负数),这使得自然数成为在加法运算下的不完整结构.就像大家所体会到的,小学所学的运算方法就不如初中所学的来得运用自如.学习数学时,重要的是对概念的理解和掌握.随着年龄的增加,配合智力发展的自由度也在增加.再比如,高中同学可使用的解题方法就比初中生多.

账房先生

　　约翰内斯·韦德曼（Widmann, J., 1469~1496）是一位出色的专职账房先生. 在 15 世纪的德国, 汉莎联盟的成立带动了工商业的发展, 商业计算成为热门, 由此诞生了称为"账房先生"的职业. 为了开展对工商业者的教学, 汉莎联盟开设了计算学校, 邀请账房先生来讲课. 那时, 在教会学校以及其他普通学校里, 还没有设置实用算术这类课程. 账房先生们成立了专门的组织, 独占了这个职业! 听说在这以后的 300 年间, 他们还不断反对在普通学校教习算术呢.

第2讲 ×、÷
0.999…是个闷闷不乐的数字

乘法的符号是×,除法的符号是÷.这是两个喜闻乐见的符号.

÷是×的逆运算,×是÷的逆运算.

6除以2再乘上2后就回到了6.写成算式是6÷2=3、3×2=6,或者合在一起写成(6÷2)×2=6.同样地,2乘上3后再除以3也回到了2.算式是(2×3)÷3=2.

1618年赖特(Wright, E.)出版了一本有关对数创始人纳皮尔(Napier, J.)的注释书,书中首次出现了×.当时使用的是大写字母X. 1631年出版的英国人奥特雷德(Oughtred, W.)所著的《数学的钥匙》一书中,第一次使用了当今的×.莱布尼兹(Leibiniz, G. W.)曾说过:"我不喜欢作为乘法运算符号的×,因为它实在容易与X相混淆."他采用另一种表示积的符号"·".曾经在一段时间内,除法符号÷还被当作减号来使用呢.直到今天,在法国仍然用莱布尼兹的最爱":"来代替÷.

且不论符号的引入,重要的是,乘法及除法这两种运算自古以来就有.

日本的万叶时代,"九九乘法表"已经从中国流传到了日本,称作"即兴吟诗",用于宫廷子女的教育.当时的诗中,有很多类似写着"三

8 Multiplicatio speciosa connectit vtramque: magnitudinem propositam cum nota in vel x: vel plerumque absque nota, si magnitudines denotentur vnica litera. Et si vtriusque signa sint similia, producta magnitudo erit adfirmata: sin diuersa, negata. Effectur autem per in. Et nota quòd A in A, siue A x A, siue AA, est Aq. AAA, siue AqA, est Ac. AAAA, siue AqAq, siue AcA, est Aqq. AAAAA, siue AcAq, siue AqqA, est Aqc. AAAAAA, siue AcAc, siue AqqAq, siue AqcA, est Acc. &c.

B₄ &uc

(奥特雷德的《数学的钥匙》(1631年),摘自《数学和数学符号的历史》,大矢真一、片野善一郎著,裳华房出版)

五月"、读作"满月"之类的诗句,蕴含了乘法三×五＝十五(十五的月亮即满月).在一千年前的古代,洋溢着赞美之情的诗句中带有数学语言的色彩,这需要多高的灵感啊!

可以说离开运算,数学就不能称之为数学.专门研究运算构造的学科叫做代数学.

数学上,研究运算时一个必备的原则就是找到"回到原来"的逆运算.这是为了进行自由自在的计算.其实,＋和－也是这种关系.

如同第 1 讲中所讲的,实数内,乘法及其逆运算除法也具有随意转换的构造(当然,除法运算时分母不为零).也就是说,实数具有称为乘法群的构造.

我们把×的逆运算÷定义为对方程 $z \times a = b$ 求 z 的解的运算.考虑到 a 的倒数是 $1/a$,由 $z = b \times (1/a)$,就能得到 z 的值.z 被写成 b/a(或 $b \div a$),称为商.你看,自然而然地导出了一种新的运算——除法.

除法是作为乘法的逆运算而产生的.那么,1 被 3 除就会变成

$$1 \div 3 = 0.333\cdots,$$

计算结果再乘上 3 的话,得到

$$3 \times 0.333\cdots = 0.999\cdots.$$

咦,好奇怪,为什么回不到 1 了呢?

其实,问题不在于×、÷运算上,而在于数的表达方式不同.

说起数的表达方式,应该有两种.

1 可以是 $0.999\cdots$,1.5 可以是 $1.4999\cdots$.就是说,如果无限小数是数这一点被允许的话,那么所有的数都有其无限小数的表现形式.如果认为无限小数不存在,那么 $\sqrt{2} = 1.4142\cdots$ 就不是数

了,也就无法认定那些无限制写下去的小数了.

读者中可能有人认为数学是一门完美的不带感情色彩的学问.可这儿,数学看上去更像人,脸上装模作样看得见"1",可心中闷闷不乐窝着个 0.999….

事实上,1÷3 的目的是除法,但用 1/3 表示时,就能得到 1/3×3 = 1.因此,把 1÷3 的计算结果先放一放,适当地偷个懒,写成 1/3 的形式也是可以的.分数是想偷懒的恰当表现方法.

除法写成 $b \div a$ 后,人之常情就是尽快计算出个结果.像现在这样写成 b/a 的形式,先放一边,其实也是一个很好的方法.

称为"分数"的数的表现确实是与小数不同.通过烹调节目中经常出现的语句,你就能明白个一二了.比如水或酱油这类无法用刀切开的量用 1/3 杯来表示.这种说法体现了分数是一种恰当的表现形式.

还有,如同 2+2+2 = 2×3,大概有人会认为乘法是作为加法的简便运算,但它并没有局限于这一点上.

例如,根据面积公式,由面积=长×宽得到 2 m×3 m,但它不是 2 m+2 m+2 m.无论多少个长相加也得不到面积.本质上说,乘法是一种不同于加法的新的运算方法.

同样地,除法也是一种不同于减法的新的运算方法.

对这种新的运算方法进行思考的必然性是来自于对实际问题的解决.例如,"速度"这个抽象概念是通过"距离"÷"时间"得到的.为此,"距离"="速度"×"时间"也成立.微分正是由除法产生的概念.

数的运算中,+、−、×、÷ 是四种基本运算.当它们混合出现时,称为四则运算.为了便于运算,制定了四则混合运算规则.其中有一条就是分配律

$$a \times (b+c) = a \times b + a \times c.$$

我们用下面这张面积图来说明分配律.

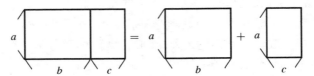

一道四则混合运算题有优先顺位的规定:×、÷比+、-先计算.

具体地说是下面两条约定:

(1)先括号内,后括号外;

(2)先乘除后加减,并且从左往右计算.

为什么要有这两条约定呢?

(1)是约定好的事,就不说明了.

关于(2),让我们看一下算式 $2+3×4-5$.

纯粹按排列顺序运算,$2+3$ 的和乘上 4 再减去 5 是不正确的.应该先算 $3×4$,然后 2 加上积 12 的和再减去 5.为什么呢? 那是因为所谓"算式"是为了解决某个具体情况而应运而生的.为了说明这个理由,让我们设想一下这个算式所表现的具体情况.

它有可能是 $2\text{ cm}^2+3\text{ cm}×4\text{ cm}-5\text{ cm}^2$;也有可能是 2 个+3个/盘×4 盘-5 个.反正,不管哪一种情况,先算 $2+3$ 都是不合理的.从这个例子就能看出先算乘法的必要性了.除法的情况也是类似的.

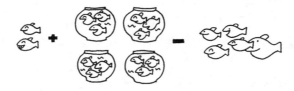

上面的算式换成字母表达式是:

$$a+b×c-d.$$

多数情况下×被省略,写成 $a+bc-d$. 这不仅是为了避免字母 X 与乘法符号×的混淆,而且也体现出先乘法的正当性.省略×以及用/代替÷是防止算式变形过程中产生错误的一个合理方法.
在这方面,字母表达式显得尤为重要.

　　大家业已了解,在实数范围内能够自由自在地＋、－、×、÷
(除法时,除数是 0 除外),具有这种构造的在数学上称作域,这种
称呼听上去有种"占地为王"的感觉……

第 3 讲 ∞
无限的魔力

英国的沃利斯(Wallis, J.)想到了∞,据说他在 1656 年写的《无限的算术》中首次使用这个符号. 早期罗马数字中 1000 写成⊂|⊃. 有人说是从那儿得到启发的,也有人说不是. 在华里斯的书中记载着 1/0＝∞和 1/∞＝0. 还有的书中推测,它可能是作为相对于 0 的符号,把两个零 00 相互粘接而形成的.

不管怎么说,∞这个符号是一种特殊的符号.

它的特殊性在于这个符号所表示的不是数,而是表示非常非常大的"状况"的符号. 简单地说,∞意味着无限大,不是作为数的符号.

但是,用文字很难形容无限大指的是什么样的事物.

《伊索寓言》中有这样一个故事.

青蛙的儿子(当然它已不是小蝌蚪了)看到一头牛,吓得瞪大了眼睛,惶惶不安地跑回了家.

小青蛙对青蛙妈妈说:"妈妈,妈妈,我看见一个庞然大物了!"妈妈说不可能有什么庞然大物,然后鼓起自己的肚子让小青蛙看. 小青蛙却呱呱叫:"不对,不对,比这还要大." 妈妈用力将自己的肚子再鼓大一些,可是小青蛙还是摇头. 最后在小青蛙"还大,还大"的叽叽呱呱声中,青蛙妈妈的肚子鼓爆了.

这个相当残酷的故事告诉我们,在没有仔细听完别人的话以前,不要胡乱猜疑,更不该任意模仿.

故事中,对于小青蛙来说,牛是超出它的语言表达范围的大,这一点并没有错.如果小青蛙知道"无限大",如果小青蛙知道∞,青蛙妈妈的悲剧或许可以避免.事实上,正是由于∞这个符号的发明,数学也避免了悲剧.

符号不仅可以节省书写的时间,而且也是对概念的精确表现.如同现代流行的标语和标识,它们传递着不同的信息.

无限大原本不是数字,写成 $n = \infty$ 是件毫无意义的事.把它看作"信息"应该不错吧.因此,会有下列这种常见的写法:

$$n \to \infty, \text{则 } n^2 \to \infty.$$

也可以写成:

$$\lim_{n \to \infty} n^2 = \infty.$$

那么,无限的定义是什么呢?用一句话来说,无限是指不是有限的事.

但是,这样的解释让人看似明白,其实并不明白.

例如,自然数 $1,2,3,\cdots$ 是无限的,这意味着假设 a 是任意一个自然数,那么一定存在自然数 n,且 $a < n$.你是不是找到一种没完没了、毫无尽头的感觉呢?

下面的故事讲的是无限的"陷阱".

有位旅行者迷了路,眼看着太阳西沉,他想还是先找家店住一晚再说.正巧看见一家叫"偶数屋"的宾馆,这家宾馆里所有房号都是偶数.因此,它拥有无限间客房这一点是成立的.旅行者走到宾馆门前,只见挂着"客满"的牌子.没有其他选择、精疲力竭的旅行者向老板打听有没有多余的客房.老板答道:"请等一下".过了一会儿,旅行者平平安安地住了下来.难道那块牌子是骗人的吗?

内中的机关就在于让已经入住的旅客搬到比现在住的房间号大 2 的房间去住,那么,第一间就随时

随地能迎接新旅客了.

19 世纪集合论的创始人德国的康托尔(Cantor, G.)对无限作出以下的解释.

数学上,把成为对象的事物的集中叫作集合.属于这个集合的元素有无限个的含义是:这个集合包含了属于它自己的所有元素以及含有形成一一对应的元素的相当小的集合(称为真子集).

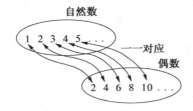

譬如,对于一个自然数集,偶数全体作为自然数集的一部分(作为真子集)包含于内,存在

$$1 \to 2,\ 2 \to 4,\ \cdots,\ n \to 2n,\cdots$$

这样的对应时,自然数全体和偶数全体就形成一一对应的局面.就是说,全体自然数的个数与作为它的一部分的全体偶数的个数相同.具有这种性质的集合称为无限集.康托认为这就是无限.

现在,我们知道即使是无限也有次序(大小).

像自然数全体这样的无限称为可数无限(能编号的无限).像实数全体那样的无限称为非可数无限(不能编号的无限).前者用 $\aleph_0$(阿列夫零),后者用 $\aleph_1$(阿列夫一)来表示(详见第 33 讲).

用这个次序的性质来说,分数所表示的数的全体是阿列夫零,$\sqrt{2}$ 等无理数的全体是阿列夫一.可见,无理数的数量远远比分数来得多.在数的王国里,像比 3 大一丁点的 3.1415… 这种无法写完的数字还是多数派呢.

第4讲 ％
没人赢你……

％是百分率的符号,读作"百分之……".

在税金的使用越来越不合情理的日本,据说是为了福利的目的,引进了5％的消费税.在购物时,正是这消费税让不少人感到不愉快,是吧?过去,作为父母的小跑腿,小孩们常被叫去帮忙买点日常小物品,有时余下的零钱就给了孩子.为此,孩子们的最大的乐趣就是心算一分二分的零钱会有多少.然而现在,结账时不用收银机的话,根本没法做到准确不误.想必现在的小孩已经放弃心算零钱的念头了吧.

越发不可思议的是,2002年起在日本实行的教学大纲中规定小学的小数计算只限于小数点后的一位数以内.有言论说最近正在酝酿的提高消费税是配合小学的算术教学范围,而定在10％.苛政竟然还影响到学习.还有人指出银行存款利率的下调使靠退休金生活的老年人唯有哭泣的份儿.而另一方面,工商贷款利率不断爬高,让他们充分享受％带来的好处.这国家到底变成什么样了?

percent(百分之……)来自拉丁语 pro centum(100),含有"关于100"的意思.小数的广泛使用是在纳皮尔和斯蒂文(Stevin, S.)之后的16世纪.在这之前,六十进位制是主流.六十进位制完全被十进位制取代是在18世纪.

18世纪以前,计算是以分数为主.当时,在金钱交易、税金和盈利损失等方面为了便于计算,一般采用 1/10、1/20、1/25、1/100 等容易计算的数.罗马帝国执政期间,对各种拍卖征税,货物征 1/100 的税,被解放的奴隶征 1/20 的税,买卖的奴隶征 1/25 的税.

1/100 表示对 100 进行分割时的一个单位.由于它便于计算 而被频繁使用.在古罗马,百分率被用来衡量金钱上相对于 100 的亏损和盈利,只在商业上的金钱交易中使用.特别是在 15 世纪,成为商业中心的意大利更是把百分率当作主力军.15 和 16 世纪的欧洲已经使用复利计算法,斯蒂文(Stevin, S)和鲁道夫·范·科伊伦(Ceulen, L. van)等人还制作了复利表.此后,它的使用范围不断扩大,形成了今天的百分率使用方法.

cent(100)缩写成 cto,t 形象化成一根棒,%的符号大概就这样诞生了.你可以在 1684 年出版的意大利的书中找到%,这样它也有 300 多年的历史了.相对于百分率,还有读作"千分之……"的千分率符号‰,你知道吗?

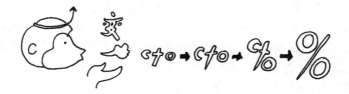

第 5 讲 $\sqrt{}$
为什么它的形状奇特?

$\sqrt{}$ 是根(数)的符号,比如 $\sqrt{2}$、$\sqrt{25}$. $\sqrt{2}$ 指的是平方后得 2 的数. 类似地,$\sqrt{25}$ 指的是平方后得 25 的数,即 $\sqrt{25}=5$. 但 -5 的平方也是 25 呀. 这时我们约定对 $\sqrt{25}$ 取正数的值. 问题是计算 $\sqrt{a^2}$ 时,就给判断造成了困难.

假如平方后得 a^2 的数是 a,那么当 $a=-3$ 时,会如何呢?

$$\sqrt{a^2} = \sqrt{(-3)^2} = \sqrt{9}.$$

如果只看答案,根据刚才所说的约定,应该是 $\sqrt{9} = 3$. 很明显,$\sqrt{a^2} = a$ 就不成立了. 因此,用字母表示时写成

$$\sqrt{a^2} = |a|$$

是正确的.

欧拉(Euler, L.)认为平方根这个符号来自根的英文 radix 的首写字母 r. 在意大利、法国、德国等国家曾用 R5 表示 $\sqrt{5}$. 最初使用 $\sqrt{}$ 的是出生在捷克的鲁道夫(Rudolf, C.). 在 1525 年出版的《常用代数技巧规则下的速算》一书中,鲁道夫写成 $\checkmark$. 后来,笛卡尔(Descartes, R.)添上一条横线后就是现在的 $\sqrt{}$ 了.

所有的正数都有平方根 $\sqrt{}$,对于全体的自然数 1,2,3,$\cdots$,n,$\cdots$,有 $\sqrt{1}$,$\sqrt{2}$,$\cdots$. 由此诞生了一系列带有 $\sqrt{}$ 的数. 更进一步地,还有二重平方根 $\sqrt{\sqrt{2}}$、小数平方根 $\sqrt{1.5}$ 等等. 能够开平方根 $\sqrt{}$ 的数比自然数多无数倍.

带有平方根的数中,最著名的该属 $\sqrt{2}$ 了.

　　$\sqrt{2}$的发现得益于毕达哥拉斯定理. 毕达哥拉斯(Pythagoras)是公元前著名的科学家, 以他为中心的毕达哥拉斯学派持续了200 年之久.

　　毕达哥拉斯主张"万物皆数". 他认为一切通过整数比(有理数)来表现. 据说, $\sqrt{2}$这个无理数的发现让他非常恼火. 传说中, 毕达哥拉斯禁止其他言论的传播, 持反对意见的人都会被推到海里. 不知道这个传说是否可靠, 但是, 毕达哥拉斯对$\sqrt{2}$的出现大吃一惊是不难想象的.

　　有趣的是, 那些试图解出$\sqrt{2}$的人正是沿着毕达哥拉斯的整数比定义出发的. 按照 $2=2/1=8/4=18/9=\cdots$ 的形式, 他们相信分母按 n^2 计算下去, 理应会得到分子和分母的平方数($=(q/p)^2$). 于是, 他们就按照这个方法去寻找. 只要找到了, q/p 就会变成$\sqrt{2}$.

　　毫无疑问, $\sqrt{2}$作为无理数是无法完美地进行下去的. 但有人找到了它的近似值. 这人名叫亚历山大里亚的席恩(Theon of A.). 他采用那个方法, 在 288/144 处发现, 当分子写大一位数字时, 即 289/144, 正好得到$(17/12)^2$, 而 $17/12=1.416\cdots$, 是个相当接近$\sqrt{2}$的数值.

　　看似建立在不正确的信念基础上的, 其实是对数的强烈感觉带来的结果.

　　或许有人认为, 无理数反正不能被完整地写出来, 那它就是不存在的. 其实不然, 就像前面提过的, 无理数的数量远远大于有理数. 天涯无处无"无理数".

　　$\sqrt{2}$频繁地出现在日常生活中. 著名的"蒙娜丽莎", 其长宽比接近于$\sqrt{2}$. 在日本的方广寺有一口刻着"国家安康"四个字的佛钟,其口径和高的比例也接近于 $\sqrt{2}$. 难怪有人称赞 $\sqrt{2}$ 是美的源泉.

将一张长方形的纸对折以后,得到的还是长方形. 也就是说,前后两个图形是相似的,问题是原来的那个长方形的长宽比是多少才能够达到这个要求. 解决这个问题时,假设该长方形的长是 l、宽是 x,由

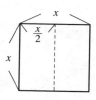

$$1 : x = \frac{x}{2} : 1$$

得到 $x^2 = 2$. 可见,只要纸的长宽比是 $\sqrt{2}$ 就可以了.现在复印机使用的 A 规格和 B 规格的纸就是根据这个原理制作的.

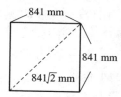

拿一张 A3 纸对折后正好是 A4 纸. 不改变形状,就能得到小尺寸的纸. 这真是一条提供方便的原理.

事实上,A 规格起步于长宽比为 $1 : \sqrt{2}$、面积为 1 m² 的 A0 版. 实际计算一下,得到 841 mm × 1189 mm. 其实,只要得到了 841 mm,另一条边的长度可以由正方形的对角线(1189≈$\sqrt{2}$×841)得到,不用量尺子了.

$\sqrt{2}$是用尺无法丈量的,不过运用几何方法,轻而易举就能得到. 确切地说,$\sqrt{2}$是只有几何才能定出的数. 怎么样,几何的威力不小吧.

数学的一大特点就是不需要麻烦的测量.

通过二次方程,我们求出了刚才那张纸的尺寸. 在求解面积的最大值和最小值时,一定会出现二次方程和二次函数. 二次方程有根的表达式,能够迅速(在代数意义上)得出解,当然也存在根是复数的情况.

二次方程

$$ax^2 + bx + c = 0 \qquad (a \neq 0)$$

的根为

$$x = \frac{-b \pm \sqrt{b^2 - 4ac}}{2a} \text{（根的表达式）.}$$

像这种运用$\sqrt{}$和＋、－、×、÷求解的方法称作"代数解法".最早考虑到根的一般表达式的人是 16 世纪的符号代数的先驱——法国人韦达(Vieta, F.).还有在 1629 年,荷兰的杰拉如使用了±这个复合型符号.

三次方程方面,卡尔达诺(Cardano, G.)推算了它的根的表达式.

到四次方程为止都有根的表达式,五次以及更高次的方程中,已经没有办法用$\sqrt{}$和＋、－、×、÷的形式写出根的表达式.人们通过其他途径,发现它们仅在复数范围内有解,并且没有一般的解法.这就有点儿像在一堆石子中寻找钻石,明明知道钻石在其中,却没有有效的方法迅速得到它,只能一个一个地挑,一个一个地解决.孜孜不倦的态度如同在大企业环境中努力工作的小企业.

在数学中,判断根的存在与否(判别式)和寻找具体的求根方法是两个不同的环节.我们很难说哪个更容易.没有确定根是否存在就求根,最后免不了做无用功.因此判断根的存在与否是一项十分重要的工作.

毕达哥拉斯定理及其逆定理

三角形 ABC 中,只要 $\angle C=90°$,那么 $c^2 = a^2 + b^2$ 成立.

相反地,如果 $c^2 = a^2 + b^2$ 成立,就得到 $\angle C = 90°$.

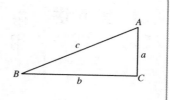

勾股定理在西方被称为毕达哥拉斯定理,相传是古希腊数学家兼哲学家毕达哥拉斯(Pythagoras, 公元前 572? ～公元前 497?)于公元前 550 年首先发现的. 但毕达哥拉斯对勾股定理的证明方法已经失传.

中国古代对这一数学定理的发现和应用,远比毕达哥拉斯早得多. 中国最早的一部数学著作——《周髀算经》的开头,记载着一段周公向商高请教数学知识的对话. 商高说:"数的产生来源于对方和圆这些形体的认识. 其中有一条原理:当直角三角形'矩'得到的一条直角边'勾'等于 3,另一条直角边'股'等于 4 的时候,那么它的斜边'弦'就必定是 5."

《九章算术》系统地总结了战国、秦、汉以来的数学成就,中国古代的数学家们不仅很早就发现并应用勾股定理,而且很早就尝试对勾股定理作理论的证明. 最早对勾股定理进行证明的是三国时期吴国的数学家赵爽. 赵爽创制了一幅"勾股圆方图",用形数结合得到方法,给出了勾股定理的详细证明. 稍后一点的刘徽在证明勾股定理时也是用以形证数的方法.

第6讲　π

用 π 赚大笔大笔的钱

π 是圆周率的符号.

18 世纪时,英国的威廉姆·琼斯(Jones, W.)在《新数学入门》中首次使用了这个符号.实际上,这个符号真正在社会上被广泛使用是从欧拉开始的. π 来自于圆周的希腊语"帕利费利斯"($\pi \varepsilon \rho \phi \varepsilon \rho \eta$).顺便提一下,用来表示半径的 r(radius)在拉丁语中解释为光线.1569 年,法国的拉姆斯(Ramus, P.)首次使用了 r.之后,韦达也使用过它.到了 17 世纪末,r 才被固定使用.

圆周率是圆周长与直径的比(周长／直径).

生活在公元前的古人类就已经知道无论圆的半径有多大,圆周长与直径的比率是固定不变的.这个比率是 3.141592…,称为无理数.由于它的无限延伸,因此无法将它准确完整地写出来.因为这个原因,从数值的角度来看,圆的面积也没有办法被算出个准确值,始终只是个近似值.为此,从古代开始人们就致力于得到准确性更高的近似值的计算,并且,发现了一种能够更好地表示近似值的方法——分数(有理数).

希腊数学家托勒密(Ptolemy, C.)计算出了 $3\frac{17}{120} =$

外接多边形

内接多边形

3.1416….分数的使用与文化的差异有关.我想在不懂得如何灵活运用小数的古代社会,用分数进行运算是最方便的.现在的孩子们认识到小数运算的便利性,常常是不管三七二十一,先换算成小数再说.其实,制表也好,计算也好,有时分数运算反而更容易.

　　圆是夹在内接多边形和外接多边形中间的. 阿基米德(Archi-medes)运用这个近似方法得到周长与直径之比, 求出圆周率的值. 他从正六边形开始, 以成倍的方法计算到正九十六边形, 查明 π 的值介于 310/71 与 310/70 之间. 阿基米德的计算方法成为圆周率计算方法的主流.

　　阿基米德的挑战者们不断地改进计算方法, 像猫扑住老鼠尾巴似的想方设法去抓住 π 的尾巴. 5 世纪, 中国的数学家祖冲之计算出 π = 355/113 = 3.1415927. 日本的建部贤弘 (Takebe, T.) 在 1722 年计算到

猫扑老鼠

正一千零二十四边形, 得到圆周率的 40 位以上的小数值.

　　其实, 在建部之前 200 年的 16 世纪, 出现了 π 计算的转机.

　　在法国, 开业律师法朗西斯·韦达是那个时期十分活跃的人物. 他把六十进位制的小数换算成十进位制的小数; 使用元音字母代替未知数, 辅音字母代替已知数, 打响了符号代数的第一枪; 引入了"负"(negative)和"系数"(coefficient)这两个数学用语. 他还推导了三角函数的倍角公式和 $\sin nx$、$\cos nx$ 的计算公式. 作为一位门外汉, 他所取得的数学成就令人咂舌. 从某种程度上说, 那个时代的知识分子所拥有的素养超乎寻常的高.

　　韦达计算正三十九万三千二百一十六 ($393216 = 6 \times 2^{16}$) 边形, 得到 3.1415926535 ～ 3.1415926537. 但他在 π 方面的成就不止于此, 他的成就在于对 π 的近似表达式通过无限的乘法运算, 赋予了解析意义上的表现(无穷乘积). 他的列式为:

$$\pi = \cfrac{2}{\sqrt{\frac{1}{2}}\sqrt{\frac{1}{2}+\frac{1}{2}\sqrt{\frac{1}{2}}}\sqrt{\frac{1}{2}+\frac{1}{2}\sqrt{\frac{1}{2}+\frac{1}{2}\sqrt{\frac{1}{2}}}}\sqrt{\cdots}}.$$

虽然在计算 π 的实际值时, 这样繁琐的式子也是无能为力的. 但

是却开启了 π 的解析上近似这一全新的方向.

　　之后,在这部名为"π"的连续剧中,最耀眼的主角就是微积分了.运用解析的手法,产生多种无穷乘积以及无穷乘积的展开式.

　　其中,计算 1/4 圆围成的面积的积分式是

$$\int_0^4 \sqrt{1-x^2}\,\mathrm{d}x = \frac{\pi}{4}.$$

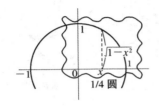

左边的 $\sqrt{1-x^2}$ 级数展开后,对每一项分别积分.

　　最后,经过辛苦计算,得到了华里斯公式:

$$\frac{\pi}{2} = \frac{2}{1} \cdot \frac{2}{3} \cdot \frac{4}{3} \cdot \frac{4}{5} \cdot \frac{6}{5} \cdot \frac{6}{7} \cdots$$

　　将 π 这个符号普及使用的是欧拉.他提出了与 π 有关的各种公式.其中有一个公式成为数学史上最引人注目的一个.它连接了 0、1、虚数 i 和 π:

$$e^{\pi i} + 1 = 0 \quad (e = 2.71828\cdots),$$

式中的 e 是自然对数的底.在以后的讲座中对 e 会有具体说明.在欧拉公式

$$e^{ix} = \cos x + i\sin x$$

中,代入 $x = \pi$,就可以得到上式.

　　如果 π 是简单的 3,不可能不引出闹剧吧?

　　1897 年,在美国的印第安纳州,提出"制定 π 值的法案",且得到全场的一致通过.那么,它是多大呢? 先不管结果如何,我们想说的是,这样的 π 是由条文制定的,是个与实际情况牛头不对马嘴的不合情理的代用品.遗憾的是无法找到文献来考证这件事.我也只能依样画葫芦地复述这个传闻.

　　据说,在当时,法律文书上记载着:"已经发现圆的面积等值于以这个圆的 1/4 周长为边长的正方形的面积."那么,π 值就该

是 4. 这个提案马上得到同意, 即使是计票上有误, 也只是件无关紧要的小事.

恰巧这个时候, 一位数学家在拜访州长时偶然得知了这件事. 数学家十分吃惊, 向州长作了详细的说明. 好像就因为这个, 好不容易这个议题被无限期延期了. 如果它被采纳了, 那么, 最得益的将是印第安纳州的那些馅饼制作商了(更有趣的是英语中馅饼派 pie 的读音和圆周率 π 的相同).

在制作一个派以前, 先要计算出它所需的原材料. 根据 π = 4 时的原材料用量, 给馅饼派定出一个单价. 但实际上 π = 3.14⋯, 制作商用原先预定的原材料就能生产出比原来更多的馅饼派. 确实是一个美味馅饼派的故事. 无独有偶, 同样在美国, 听说在其他州, 出于宗教信仰, 还说要将 π 值定为 3. 请你千万别笑话美国, 说不定在一百多年前, 在某个国家也发生过类似的事呢.

尽管人们知道得不到最终值, 但还是孜孜不倦地计算 π 的值. 人们已经将 π 的值计算到 2061 亿 5843 位小数(1999 年 9 月, 日本东京大学情报基础中心的金田康正先生计算的).

在日常生活学习中, 只需使用小数点后 4 位数的 π 值. "π 的魔力"就在于永远让人摸索, 总抓不到尾.

暴发户

第7讲 sin，cos，tan
仙女下凡

    sin，cos 和 tan 在 x 的陪伴下，写成 $\sin x$、$\cos x$ 和 $\tan x$. 通常情况下，x 是角度（或弧度）. 它们是把角度换算成直角三角形的边长比的函数. 因此，称它们为三角函数.

    在直角三角形 ABC 中，有

$$\sin x = \frac{BC}{AC}, \quad \cos x = \frac{AB}{AC}, \quad \tan x = \frac{BC}{AB}.$$

    采用直角三角形来作为实例的理由是：$\sin x = BC/AC$ 的右边比值与直角三角形的大小无关，仅靠 x 这个角度来决定的. 这是基于 x 的角度相同的各个直角三角形是相似三角形这个事实.

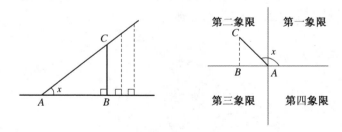

    刚才考虑的只是角度在 90°以下的情形. 当 x 是 90°以上的角时，得考虑用坐标的正负方向来确定. 把原先的直角三角形的思考方法自然地延伸一下. 当 $90° < x < 180°$ 时，x 角的始边在 x 轴上，而终边出现在第二象限. 这时，我们考虑这个在第二象限内形成的直角三角形，其中一条边 AB 的长度用负值表示，从而求出 $\sin x$ 和 $\cos x$ 的值. 因此，x 在移动时，$\sin x$ 和 $\cos x$ 的值没有间隔地（连续地）、完美地连成一串. 然而，唯有 $\tan x$，在 $x =$

$90°(AB = 0)$ 的情况下, 它的值没法被定义. 当 $90° \leqslant x \leqslant 180°$ 时, 得到

$$\sin x = \frac{BC}{AC}, \cos x = \left(\frac{-AB}{AC}\right) = -\frac{AB}{AC},$$

$$\tan x = \frac{BC}{(-AB)} = -\frac{BC}{AB}.$$

　　三角函数起源于遥远的过去. 在古代, 为了进行贸易, 人们得穿过沙漠、横渡大海. 他们不得不依靠太阳、月亮和行星的运动来识别方向. 同时, 为确保农作物的生长和收获也离不开年历. 毫无疑问, 这些都得仰仗天文学.

　　在天文学上, 通过观测行星的运动、通过正确地分析, 来获取保障人类生活的重要情报. 为了确保情报的准确性, 人们发明了研究和计算三角形边角关系的三角学作为一种计算方法. 三角

航行

学是出于这种天体观测和测量的目的而发展起来的. 在古代文明发达的中国、印度、巴比伦王国以及埃及, 三角学的进步正是为了配合天体的观测.

　　实际上, 三角函数一开始并不是作为直角三角形的边长比来考虑的. 想到用本文前述的直角三角形作定义的是 16 世纪德国的雷蒂库斯 (Rhaeticus, G. J.). 18 世纪后, 才产生了现代的三角函数. 在这之前, 人们把它作为圆心角所对应的弦的长度来认识 (弦长的一半相当于现在的 $\sin x$), 并且着重于这条弦长的计算.

　　公元前 2 世纪, 希腊的喜帕恰斯 (Hipparchus) 针对锐角制作了第一张正弦表. 按现在的说法, 它是一张计算圆心角所对应的

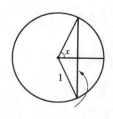

（过去的正弦＝弦的长度＝$2\sin x$）

弦的长度的表(喜帕恰斯制作的原件没能被保留下来,公元 1 世纪托勒密所著的《天文学大成》(*Almagest*)中记载了其中的一部分). 当时,他们不是用现在常用的直角三角形来计算,而是利用了圆内接正多边形的边和半径的关系,利用和圆内接的图形所具有的几何性质,计算出圆心角所对应的弦长.

　　之后,这个方法被推广到印度和中东. 那儿的人用这个方法制作了更准确的表. 到了 13 世纪,一位伊朗数学家纳绥尔·丁·图西(al-Tusi, Naisr al-Din)在名为《有关各种四边形的论文》的书中,首次将三角学的结果从天文学中分离出来,站在数学的立场上予以说明. 据说他的这种做法对 15 世纪德国的莱吉奥蒙太内斯(Regiomontanus, J. M.)产生了巨大的影响. 莱吉奥蒙太内斯在将《天文学大成》翻译成拉丁文时,把平面和球面上的三角学从天文学中分离出来予以研究.

　　现在的三角函数使用方法的发展归功于 18 世纪的瑞士数学家欧拉,而首先使用"三角函数"(trigonometric functions)这一名称的则是欧拉的接班人库柳格(Klügel, G. S.).

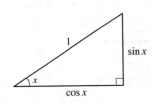

　　三角函数具有的基本关系是

$$\sin^2 x + \cos^2 x = 1.$$

这也是毕达哥拉斯定理. 其他的各种基本关系几乎都是由余弦定理和正弦定理推导出来的. 余弦定理等都是基于毕达哥拉斯定理得来的. 为此,初中几何学习中的一个目标就是毕达哥拉斯定理.

$$a/\sin x = b/\sin y = c/\sin z \quad (正弦定理)$$

$$c^2 = a^2 + b^2 - 2ab\cos z \quad (余弦定理)$$

$$(当 z = \pi/2 时是毕达哥拉斯定理)$$

　　正弦 sin 来自拉丁语 sinus. 很久以前,最初是在古代印度语中,半段弦读作"阿鲁多吉巴亚"(音译).之后,在阿拉伯语中"佳依卜"(音译)代表弓形.在 12 世纪,代表弓形的阿拉伯语被译成拉丁语 sinus.余弦的 cos 似乎来自补足的正弦(sinus complementi)的略写 co-sinus.直到 16 世纪,英国的古恩德儿(音译)才正式使用 cos 代表余弦.

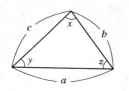

伴随着微积分学的发展,运用泰勒级数展开式,$\sin x$ 和 $\cos x$ 表现为无穷连续多项式的形式(这称为级数展开,其中 x 的单位是弧度),

$$\sin x = x - \frac{1}{3!}x^3 + \frac{1}{5!}x^5 - \frac{1}{7!}x^7 + \cdots,$$

$$\cos x = 1 - \frac{1}{2!}x^2 + \frac{1}{4!}x^4 - \frac{1}{6!}x^6 + \cdots.$$

用这两个公式,即使没有三角函数表(只要知道弧度),我们也能够计算出所需要的 $\sin x$ 和 $\cos x$ 的精确值.

对了,你是否还记得在高中时所学到的下面这两个等式?

$$\sin x \approx x - \frac{1}{3!}x^3 = x - \frac{1}{6}x^3,$$

$$\cos x \approx 1 - \frac{1}{2!}x^2 = 1 - \frac{1}{2}x^2.$$

在粗略计算的情况下,只要将 x 值代入这两个多项式就可以得到 $\sin x$ 和 $\cos x$ 的近似值,而不需要逐个计算各边边长之间的比值.这就抛弃了繁琐的测量,只要单纯的计算,提高了计算三角函数值的速度.

无论是哪一种函数,只要能对它进行微分,最终都会演化成一组多项式.这种计算方法是十分了不起的.

现在,离开了三角函数,就没法表示波和音的形态.波和音是通过一系列三角函数的组合得到的(例如傅立叶级数).

在古代,对天文学研究至关重要的三角函数,如同仙女下凡成为地球人类技术革新的重要工具.

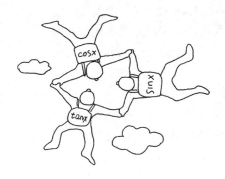

弧度

　　弧度是把 $\sin x$、$\cos x$ 和 $\tan x$ 从几何图形中分离出来,把它们看作普通实数作为函数的变量来考虑.也就是说,x 不再是角度而是代表长度.这是一种简便的运算方法.

　　把等于半径长 1 的弧所对的圆心角称为 1 弧度.这种用弧度来度量角的方法称为弧度制.1 弧度等于 $(180/\pi)^\circ = 57.2957\cdots^\circ$. 相反的是 1° 也就等于 $\pi/180$ 弧度.在这儿,我想说明的是半径并不一定是 1.只要定下圆心角,对于圆周的圆弧比例是一个固定的数值,与半径的大小无关.只是用半径 1 作说明比较容易理解.

　　英语弧度 radian 衍生自拉丁语 radius(半径),1871 年,为詹姆斯·汤姆森(Thomson, J.)所采用.

第 8 讲　ln, log
天文学上的魔术

log 和 ln 都是对数(logarithm)的符号.

对数的出现是为了计算那些位数相当多的数字. 用什么方法才能得到多位数运算的正确结果,一直是没有计算机的中世纪最头疼的问题.

现在无论几位数,只要把它写成 10^r 的形式就能计算了. 当有两个多位数 x 和 y 时,只要将它们分别写成 $x = 10^r$ 和 $y = 10^s$ 的形式,得到 r 和 s,由于 $x \times y = 10^r \times 10^s = 10^{r+s}$,也就是将 $r+s$ 的和作为乘积中 10 的幂,那么 $x \times y$ 就可以计算了.

对于数字 x,为了得到 $x = 10^r$ 的形式,就要先找到 r. 这个过程称为把 10 作为底数求出 x 的对数. 记作 $r = \log_{10} x$.

中世纪后,英国等欧洲国家的殖民政策和对外贸易的需求,带动了航海业的发展,这就需要天文观测提供正确的情报作为保障. 为了满足需要,在 16 世纪,对数的发明者——英国的纳皮尔花了整整 20 年的心血完成了对数表的制作. 在当时人们的眼中,这张表的制作完成就如同后人眼中的计算机的发明一样伟大.

纳皮尔的对数表不是以 10 为底的. 后来他的朋友布里格斯(Briggs, H.)制成一张常用对数表(以 10 为底的对数表),夺得这个项目的冠军. 但是纳皮尔的发明所具有的划时代意义是不容置疑的.

对数的性质是设法把乘法化作加法、除法化作减法来计算. 多位数的乘除变成加减来运算的好处不仅在于速度快,而且精确度也提高了.

据说这种思考方法最早起源于对两个数列的比较. 也有人说在公元前,阿基米德写的《砂的计算者》一书中已经提出过这种想法.可见,人们早就认识到多位数计算在实际应用上的重要性了.

有两行数列:

0	1	2	3	4	5	6	7	8	9
↓	↓	↓	↓	↓	↓	↓	↓	↓	↓
10^0	10^1	10^2	10^3	10^4	10^5	10^6	10^7	10^8	10^9

让我们任选两组计算一下:

$10^3 \to 3, 10^5 \to 5 \Rightarrow 10^3 \times 10^5 = 10^8 \Rightarrow 8 = 3+5$,乘法→和;

$10^7 \to 7, 10^4 \to 4 \Rightarrow 10^7 \div 10^4 = 10^3 \Rightarrow 3 = 7-4$,除法→差.

n 是自变量,形如 10^n 的函数称为指数函数.被称为对数的函数正好具有与其相反的关系.

因而,为了进行"乘法→和"及"除法→差"的运算,一个有效的思考方法是把它作为指数函数的逆形式.也可以说是看作提出指数函数的指数的函数.

一般的指数函数是指在正数 a 的情况下,x 作为自变量,其 a^x 的形式所对应的函数是 $y = a^x$. 它的反函数形式就是现在所讲到的对数函数. 在上述例子中,譬如 10^3 所对应的是 3,那么,在 $x = a^y$ 中,某个 x 所对应的是它的指数 y. 用 $y = \log_a x$ 来表示. 其中,正数 a 是对数的底,y 是以 a 为底的 x 的对数.

尤其是 $a = 10$ 时,称为常用对数,记作 $\log_{10} x$.

还有,$a = e(=2.71828\cdots)$ 时,称为自然对数,简记作 $\ln x$(详见第 9 讲).

1624 年,开普勒(Kepler, J.)用 log 表示对数符号. 之后,欧拉用 log 表示常用对数,底是 10 以外的对数用 λ 表示. 对数(logarithm)这个名称是纳皮尔想到的. 据说是两个希腊单词"λονοξ"(关系)和"αρθμοξ"(数)的合成词.

更简单地说,具有下列性质的正数 u、v 组成的实变函数 f 称为对数函数.

$$f(uv) = f(u) + f(v) \quad （乘法变成了加法）. (1)$$

由这个公式得到：

$$f(u^n) = f(u) + f(u^{n-1})$$
$$= f(u) + f(u) + f(u^{n-2})$$
$$= \cdots = nf(u).$$

这儿 n 不局限于自然数,也可以是负数或分数(假定这个函数具有连续性), n 可以是任意实数.

现在,假定 a 具有固定值且 $f(a) = 1$, 由于 $f(a^n) = nf(a) = n$, 可以得出 f 是 a 的指数函数 $y = a^x$ 的反函数的结论(即提出指数的函数).

然后,在(1)式中,设 $u = v = 1$, 那么, $f(1 \cdot 1) = f(1) = f(1) + f(1)$, 结果 $f(1) = 0$.

如果 $v = 1/u$, 由刚才的结果我们可以得到: $f(1) = f(u \cdot 1/u) = f(u) + f(1/u)$, 而因为 $f(1) = 0$, 那么 $f(1/u) = -f(u)$. 经过这些,可以得到

$$f(u/v) = f(u \cdot 1/v) = f(u) + f(1/v)$$
$$= f(u) - f(v).$$

这说明,只要由"乘法→和"的性质(1),就可以推导出"除法→差"的性质.

其实,纳皮尔的发明之后,过了相当长的时间,才从其他地方发现了对数法则.

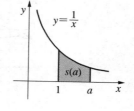

曲线围成的面积和体积的计算一直是个悬而未决的古案,进入 17 世纪后,才获得不同程度的发现.

特别是有关双曲线 $y = 1/x$ 的面积. 定义 $x = 1$ 和 $x = a$ 之间的面积为 $s(a)$. $s(a)$ 所具有的性质分别被英国的格雷戈里(Gregory, J.)和莎拉莎在 1647 年和 1649 年发现.

$$s(a) + s(b) = s(ab).$$

由于这个式子满足前面提到过的(1)式,这样才发现 $s(x)$ 是对数函数.其实,这个对数函数被称为自然对数."自然对数"这一说法是在 17 世纪由意大利人皮埃罗·蒙哥利(Mengoli, P.)命名的.

函数 $y = 1/x$ 由 $x = 1$ 开始围成的面积等于 1 的点记作 e. 即 $s(e) = 1$. 那么,这个值是 $e = 2.71828182845945\cdots$,是个无穷不循环小数,即无理数.

$s(e) = 1$ 所指的是可以得到

$$s(e^n) = s(e) + s(e) + \cdots + s(e)$$
$$= 1 + 1 + \cdots + 1 = n.$$

它是指数函数 $y = e^x$ 的反函数.也就是说,这个对数的底是 e,有

$$x = s(y) = \log_e y = \ln y.$$

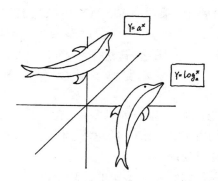

第9讲 *e*
伟人的结晶

e 是自然对数的底,称为纳皮尔数,

$$e = 2.718281828459045\cdots.$$

它是无理数,这一点于 1768 年被德国的朗伯(Lambert, J. H.)所证明. 法国人埃尔米特(Hermite, C.)在 1873 年证明了系数是有理数的代数方程存在没有解的情况(这样的数称为超越数).

欧拉从纳皮尔想到的对数的底出发,发现

$$e = \lim_{n \to \infty} \left(1 + \frac{1}{n}\right)^n.$$

纳皮尔在制作对数表时,采用的底是 $1 - 10^{-7} = 0.9999999$. 这个数尽管相当接近 1,但计算时十分不方便. 因而,在正式计算对数时,采用下面所列出的乘上 10^7 的方法:

$$x = 10^7(1 - 10^{-7})^y = 10^7 \left[(1 - 10^{-7})^{10^7}\right]^{y/10^7}.$$

也就是,

$$\frac{y}{10^7} = \log_{(1-10^{-7})^{10^7}} \frac{x}{10^7}.$$

那么,将 $(1 - 10^{-7})^{10^7}$ 代入:

$$e^x = \lim_{n \to \infty} \left(1 + \frac{x}{n}\right)^n \quad \left[x = 1 \text{ 时}, e = \lim_{n \to \infty} \left(1 + \frac{1}{n}\right)^n\right].$$

同时在上式中代入 $n = 10^7$ 和 $x = -1$;10^7 是个相当大的数字,是与 $e^{-1}(=1/e)$ 相当接近的数字. 这说明了为什么说纳皮尔的底是

e 的倒数.

　　众所周知,纳皮尔自己并没有考虑到自然对数的底是 e,但习惯上大家还是将 e 称为纳皮尔数.1736 年,欧拉首次使用"e"这个符号,同时由于欧拉发现了对数的定义,于是用他的名字(Euler)的首写字母来命名"e".就像人的姓名一样,自然对数的姓是欧拉、名是纳皮尔,是两位数学伟人的结晶.

　　计算 e 值的方法不止一个.现在为人所知的方法中,最有效、最接近 e 值的是牛顿(Newton, Sir I.)提出的利用级数的计算方法,

$$e = 1 + \frac{1}{2!} + \frac{1}{3!} + \frac{1}{4!} + \cdots .$$

在这儿,请大家将级数打住,用计算机试试看.

　　含有 e 的公式不胜枚举,请你们原谅,我就不一一列举了.

第 10 讲 e^x , exp
数学的超人

通常,函数用 f, g, h 等来表示.指数函数(exponential function)的场合,常用 exp 来表示.

一般地说,连续函数 $f(x)$ 具有 $f(x+y)=f(x)f(y)$ 的性质时,称 f 为指数函数.

如何理解"连续性"呢?简单地想,在实数范围内连续移动 x 时,其函数 $f(x)$ 也在不停顿地连续移动(参见第 36 讲).指数函数 a^x 写成函数表达式 $f(x)=a^x$,则

$$f(x+y)=a^{x+y}=a^x a^y=f(x)f(y)$$

(加法变成了乘法)

成立.我们已经知道具有性质 $f(x+y)=f(x)f(y)$ 时,且 a 是正数,函数 f 也存在,就可以写成 $f(x)=a^x$ (参见第 9 讲).这时 a 称为 f 的底.

指数函数 $f(x)=a^x$ 也能写成 $f(x)=\exp_a x$ 或 $\exp_a x=a^x$.简单地写成 $\exp x$ 时,表示 e^x(e 是纳皮尔数,$e=2.718\cdots$).

e^x 表示底是 e 的指数函数.

数 e 是作为数列

$$a_n=\left(1+\frac{1}{n}\right)^n \qquad (n=1,\ 2,\ 3,\cdots)$$

的极限而得到的.欧拉在研究纳皮尔对数表的过程中发现了它(参照有关 e 的章节).当时,欧拉发现的等式是:

$$e=\lim_{n\to\infty}\left(1+\frac{1}{n}\right)^n.$$

符号 $\lim\limits_{n \to \infty}$ 表示 n 趋于无限大时数列 $\left(1+\dfrac{1}{n}\right)^n$ 的极限.

上式两边同时 x 次方,

$$e^x = \left[\lim_{n \to \infty}\left(1+\frac{1}{n}\right)^n\right]^x = \lim_{n \to \infty}\left[\left(1+\frac{1}{n}\right)^n\right]^x,$$

(忽略极小量,将 x 次方并入 $\lim$ 内)

$$e^x = \lim_{n \to \infty}\left(1+\frac{1}{n}\right)^{nx} \quad (\text{设 } m = nx)$$

$$= \lim_{m \to \infty}\left(1+\frac{x}{m}\right)^m,$$

然后,忽略 $\lim$,在上式的两端对 x 求微商,

$$(e^x)' = \left[\lim_{m \to \infty}(1+x/m)^m\right]'$$

$$= \lim_{m \to \infty}\left[m(1+x/m)^{m-1} \cdot (1/m)\right]$$

$$= \lim_{m \to \infty}\left[(1+x/m)^m/(1+x/m)\right]$$

$$(m \to \infty \text{ 时},\text{分母 } 1+x/m \text{ 的值趋于 } 1)$$

$$= \lim_{m \to \infty}(1+x/m)^m$$

$$= e^x.$$

从这儿可以看出,e^x 的微商还是 $e^x((e^x)' = e^x)$.

想到微分和积分是互为逆运算的,我们不得不赞叹 e^x 是一个完美的函数.

$$(e^x)' = e^x, \int e^x \, \mathrm{d}x = e^x + C \ (C \text{ 为任意常数}).$$

观察现实生活中的现象时,最常见、最简单的是人口增长及细胞分裂,它们的变化方法是与得到的量成一定比例的.

设随时间变化所得到的量 x 与经历的时间 t 的函数关系为 $x(t)$,表达式为:

$$\mathrm{d}x/\mathrm{d}t = mx \qquad (m \text{ 是比例常数}).$$

由于 e^x 的微商还是 e^x,用它解方程比较容易. 得到的解是:

$$x = Ce^{mt} \qquad (C \text{ 是 } t=0 \text{ 时的 } x \text{ 值}).$$

这就是说 e^x 是一个分分秒秒都存在于我们身边的函数.

当然,e^x 的重要性不仅仅表现在这一个方面.

x 除了是实数,更重要的是它还可以是复数(详见第 11 讲). 这里,起桥梁性作用的是 e^x 的级数展开. 用马克劳林(Maclaurin, C.)公式展开 e^x. 我们已经知道它的微分形式十分简单,且在 $x=0$ 处的微分系数为 1. 所以,得到这个十分漂亮的式子:

$$e^x = 1 + x + \frac{x^2}{2!} + \frac{x^3}{3!} + \cdots + \frac{x^n}{n!} + \cdots$$

e^x 是解析学中的瑰宝. 可以说没有 e^x,现代解析学也就没法成形.

泰勒级数

泰勒是 17 世纪后半叶英国著名的数学家.

设 $f(x)$ 是可以进行多次微分的函数,在 $x=a$ 处,能够按下式展开:

$$f(x) = f(a) + \frac{f'(a)}{1!}(x-a) + \frac{f''(a)}{2!}(x-a)^2$$
$$+ \cdots + \frac{f^{(n)}(a)}{n!}(x-a)^n + \cdots$$

对严密性睁一只眼、闭一只眼的话,称这个式子为泰勒级数(或者泰勒展开). 特别在 $a=0$ 时,称为马克劳林级数(或马克劳林展开).

第11讲 i
真实的虚幻

1 是普通的数的单位,而 i 等于 $\sqrt{-1}$,称为虚数单位.

$i(=\sqrt{-1})$ 所表达的是平方值等于 -1 的数的符号. 这种事不会发生在普通的数身上. 这儿,为了构造一个全新的数而采用的基本元素被称为"单位". 使用这个单位 i,表现成 $2+3i$ 的形式的数称为复数(complex number).

使用 i 这个符号的人是欧拉,但是从 18 世纪的数学家高斯(Gauss, C. F.)开始推广使用.

在欧洲,把平方根内带有负号的数称为 imaginary number. 按字面予以解释,带有想象中或理想化的意思. 到了中国和日本,将它译成"虚".

无论在中国还是在日本,看到"虚"这个字,就会有这么一种印象:虚幻缥缈,毫不实在.

最近,不断有学生们抱怨说:

"虚数,虚数,虚幻的数,学它有什么意义?!"

到了 16 世纪,虚数才引起人们的注意. 1545 年,意大利的数学家卡尔达诺在解三次方程时,用到了它.

(卡尔达诺公式)

解方程:

$$x^3 + ax^2 + bx + c = 0.$$

设 $x = y - \dfrac{a}{3}$,得到

$$y^3 + py + q = 0.$$

其中, $p = -\dfrac{a^2}{3} + b, q = \left(\dfrac{2}{27}\right)a^3 - \dfrac{ab}{3} + c.$

这儿令

$$\alpha = -\frac{q}{2} + \frac{1}{2}\sqrt{q^2 + \left(\frac{4}{27}\right)p^3},$$

$$\beta = -\frac{q}{2} - \frac{1}{2}\sqrt{q^2 + \left(\frac{4}{27}\right)p^3},$$

且

$$\sqrt[3]{\alpha}\sqrt[3]{\beta} = -\frac{p}{3}.$$

得到如下 3 个根:

$$\sqrt[3]{\alpha} + \sqrt[3]{\beta},\ \omega\sqrt[3]{\alpha} + \omega^2\sqrt[3]{\beta},\ \omega^2\sqrt[3]{\alpha} + \omega\sqrt[3]{\beta}.$$

其中, ω 是方程 $\omega^3 = 1$ 的根, 且 $\omega \neq 1$.

　　不是说在卡尔达诺时代之前没有出现过二次以上的高次方程, 只是那时的人们出于实用目的, 只保留了正的实数根, 对其他的根连看也不看. 卡尔达诺公式的受人注目不只是在于它是三次方程的根的表达式, 而是在于根据这个公式, 根本身尽管是实数, 但多数情况下, 可以用复数形式来表现. 现在大家都知道,

$$\sqrt{3+4i} + \sqrt{3-4i} = \sqrt{(2+i)^2} + \sqrt{(2-i)^2} = 4,$$

看上去实数 4 与虚数的 $\sqrt{3+4i} + \sqrt{3-4i}$ 的表现形式没有不和谐感. 但是, 当听到 "实数应该是实实在在的数, 为什么它是不实在数的和呢" 时, 还是会让人感到困惑.

　　卡尔达诺的书中, 出现对三次方程 $x^3 = 15x + 4$ 寻求根的表达式的问题.

　　运用上述公式解这个方程, 知道它有 $-2+\sqrt{3}$ 和 $-2-\sqrt{3}$ 这两个实根及另一个实根. 这另一个实根可以写成下面的形式:

$$\sqrt{2+\sqrt{-121}}+\sqrt{2-\sqrt{-121}}=\sqrt{2+11i}+\sqrt{2-11i}.$$

你能不能看明白它就是 4?

　　使用卡尔达诺公式,所有的实根都可以写成这样的形式. 这个不可思议的现象变成探讨虚数的好机会.

　　通过卡尔达诺公式表现出来的公式化的式子,其本身的含义不够明确. 只要认识到它的基本式是 $a+bi$ 就可以了. 像这种形式的式子集中在一起时,把它们看作纯粹的文字题,就可以进行加法和减法运算.

　　其他的,例如除法,

$$(8+5i)\div(2+3i)=(8+5i)/(2+3i)$$

(类似开根号计算,分子、分母同时乘上 $2-3i$)

$$=(8+5i)(2-3i)/(2+3i)(2-3i)$$
$$=(31-14i)/13$$
$$=31/13+(-14/13)i.$$

　　我想对于已经完全掌握根号计算的人来说,这种算法应该不算是件什么新鲜事. 让我们总结一下:

　　　　(1) $a+bi$ 的形式之间进行加减乘除,其结果还是这个形式;

　　　　(2) 当 $b=0$ 时,$a+0i$ 等于 a,其和变成了实数.

　　由以上两点可以看出,在特殊情况下,$a+bi$ 被看作一种含有实数的新的数. 由于它们在计算上不会引起不方便,这些含有实数的新数就称为复数.

　　尽管如此,如果有人问在哪儿能找到复数时,还是会让人无言以答.

　　出生在德国的伟大数学家高斯发现在 xy 平面内建立一个直角坐标系,x 轴是实轴,y 轴是虚轴,那么复数 $a+bi$ 就能与 xy 平面的(a, b)建立一一对应. 这个发现被记载在高斯 1799 年发表的学位论文上. 具有相同想法的人还有瑞士的阿尔甘(Argand, J. B.)和丹麦测量师威塞尔(Wessel, C.).

这样,长久以来被认为是空想的数字立刻被赋予实实在在的数的存在价值. 复数是平面上的数,能像通过数轴(x 轴)认识实数$(x, 0)$一样认识它们. 表示复数的平面称为复平面(高斯平面).

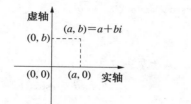 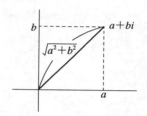

数轴上的数与平面上的数是有区别的. 数轴上的数有大小关系,平面上的数无法直接比较大小. 为此,得借助一个称为模(norm)的概念. 模表示从原点$O(= 0 + 0i)$出发的距离.

复数的模: $|a + bi| = \sqrt{a^2 + b^2}.$

$b = 0$ 时,得到$|a| = \sqrt{a^2}$,正好是实数的绝对值. 因而,采用了与实数一样的绝对值符号$|\ \ |$. 这意味着$|a+bi|$也可称为复数的绝对值.

两个复数$a+bi$ 和$a-bi$ 相加的和是实数$2a$. 在复平面内,这两个复数位于实轴(x 轴)两侧对称的位置. 具有这种关系的一对复数称作互为共轭复数. 也就是说,$a+bi$ 的共轭复数是$a-bi$,$a-bi$ 的共轭复数就是$a+bi$.

用一个特殊的符号表示共轭复数. 将头顶上的"———"想象成x 轴,把它视作折叠式符号.

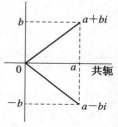

$$\overline{a + bi} = a - bi, \quad \overline{a - bi} = a + bi.$$

使用这个符号,得到

$$|a+bi|^2 = (a+bi)\overline{(a+bi)},$$

即

$$|a+bi| = \sqrt{(a+bi)\overline{(a+bi)}}.$$

另外,把 $a+bi$ 看作(a, b),原点出发的距离由其与 x 轴(实轴)的夹角来决定. 得到

$$a = r\cos\theta,\ b = r\sin\theta,\ r = \sqrt{a^2+b^2}.$$

因此,也能写成

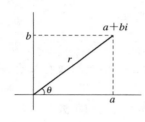

$$\begin{aligned} a+bi &= r\cos\theta + ir\sin\theta \\ &= r(\cos\theta + i\sin\theta). \end{aligned}$$

这儿,θ 称为复数 $a+bi$ 的辐角.

在 1707 年,英国的德·莫弗(De Moivre, A.)发现了复数的三角式运算公式:

$$(\cos x + i\sin x)^n = \cos nx + i\sin nx \quad (\text{德·莫弗公式}).$$

德·莫弗发现的公式原本并不是这样的. 这是后来欧拉在他的基础上再次推导得来的. 欧拉逝世时也正是高斯诞生时,欧拉是 18 世纪最伟大的数学家之一. 他在研究微分方程式的过程中,得到 $2\cos x$ 的解,并且对 $e^{xi} + e^{-xi}$ 级数展开,得到下列公式(1740 年). 公式左边是实数,右边用复数形式表现.

$$\cos x = \frac{e^{xi} + e^{-xi}}{2}.$$

根据这个公式,以及 $\cos^2 x + \sin^2 x = 1$,很简单就可以得到

$$\sin x = \frac{e^{xi} - e^{-xi}}{2i}.$$

如此一来,推导下面这个欧拉公式应该也不是件难事了.

$$e^{xi} = \cos x + i \sin x \qquad \text{（欧拉公式）}.$$

由欧拉公式, 得到又一个重要的复数表示法——指数表示法,

$$a + bi = r(\cos\theta + i\sin\theta) = re^{i\theta} \qquad (r = \sqrt{a^2 + b^2}).$$

能够用平面上的点来表示复数, 不仅仅是一种创新. 通过它, 指数函数 $re^{i\theta}$ 可以用一种形式来表现. 这对于数来说, 更多地意味着计算上的简便.

从此以后, 诞生了复变函数论, 它专门研究以复数作变量的函数. 从电气学开始, 它被应用在工学的不同领域中, 成为支持技术革新的一个重要函数.

在虚数诞生的年代里, 有谁会预料到它会长得如此快, 长得如此漂亮呢?

第 12 讲 $\sum$
懒人的符号

如果你家车库内碰巧还藏有一台老古董的日本三菱汽车,你就会发现那时三菱汽车的车标和 $\sum$ 是一样的.

$\sum$ 在希腊语中读作"西格玛",相当于英语的 S,它是英语加法 sum 的首写字母,是在省略加法写法时使用的符号.欧拉是第一个使用它的人.

取代 $1+2+3+4+\cdots+10$ 的写法,写成

$$\sum_{k=1}^{10} k.$$

采用这个方法,就有

$$1+2+3+\cdots+1000 = \sum_{k=1}^{1000} k.$$

由 1 加到 10 和是 55,而由 1 加到 1000 和是 500500.这两个答案看上去十分对称,并且计算也不困难.由此,使用这个符号,除了节省纸墨以外,也看不出有其他什么好处.但是,在

$$1^2 + 2^2 + 3^2 + \cdots + 10^2$$

中,会怎样呢?大概不能简单地回答了吧.这时,首先把式子略成

$$\sum_{k=1}^{10} k^2.$$

也就是说,偷个懒儿,先不管计算.不需要立即算出结果的,必须运用

数学归纳法的,以及不要写出最终答案只要计算过程的,在这三种情况下,使用这个符号是最方便的.

还有,末项是一般性的式子,比如,在 $1+2+3+4+\cdots+n$ 或者 $1^2+2^2+3^2+\cdots+n^2$ 这样的场合,分别写成 $\sum\limits_{k=1}^{n} k$ 和 $\sum\limits_{k=1}^{n} k^2$,会使一切变得简便.同时,这两题的计算结果也不复杂,即

$$\sum_{k=1}^{n} k = \frac{n(n+1)}{2},$$

$$\sum_{k=1}^{n} k^2 = \frac{n(n+1)(2n+1)}{6}.$$

这个符号也使用在分数上,例如,$1/3 + 1/15 + 1/35 + \cdots + 1/(4n^2-1)$ 可以写成

$$\frac{1}{3} + \frac{1}{15} + \frac{1}{35} + \cdots + \frac{1}{4n^2-1} = \sum_{k=1}^{n} \frac{1}{4k^2-1}.$$

这样写的好处是突出了一般项,且便于分析计算.

$$\because \frac{1}{4k^2-1} = \frac{1}{(2k-1)(2k+1)} = \frac{1}{2}\left(\frac{1}{2k-1} - \frac{1}{2k+1}\right),$$

$$\therefore \sum_{k=1}^{n} \frac{1}{4k^2-1} = \frac{1}{2}\sum_{k=1}^{n}\left(\frac{1}{2k-1} - \frac{1}{2k+1}\right).$$

在最后一个算式的右边,当 $k=1,2,3,\cdots$ 时,可以省略中间各项,保留首项和末项.得到

$$\sum_{k=1}^{n} \frac{1}{4k^2-1} = \frac{1}{2}\left(1 - \frac{1}{2n+1}\right) = \frac{n}{2n+1}.$$

因此,数列 $a_1, a_2, a_3, \cdots, a_n$ 相加时,也可写成:

$$\sum_{k=1}^{n} a_k.$$

这时,若 $a_1 = a_2 = a_3 = \cdots = a_n = C$(常数),由于 $C+C+\cdots+$

$C = \sum\limits_{k=1}^{n} C$，就得到 $\sum\limits_{k=1}^{n} C = nC$.

现在，对 $1+2+3+\cdots+n+\cdots$ 进行无止境的相加，可以写成 $1+2+3+\cdots+\cdots = \sum\limits_{k=1}^{\infty} k$. 于是，它始终是一种形式上的表现. 这就是说，其结果是 ∞. 使用 $\sum$ 来表示和并不是确定的. 像这种无限个的加号连接的式子称为级数（或者无穷级数）. 当级数和等于 ∞，则称在 ∞ 处发散. 另一方面，如同

$$1 + \frac{1}{2} + \frac{1}{4} + \frac{1}{8} + \cdots + \frac{1}{2^n} + \cdots = \sum_{k=1}^{\infty} \frac{1}{2^{k-1}},$$

它是公比为 1/2 的等比数列的和，在数值 2 处是收敛的（指无限接近于数值 2）.

$\sum$ 是一种简洁的表现形式，特别是避免了像无穷级数那样的没完没了的列式，但是它也存在不足之处，就是不能确定它的值.

如前所述，数值存在确定（收敛）和发散两种情况. 由

$$a_1 = s_1,\ a_1 + a_2 = s_2,\ a_1 + a_2 + a_3 = s_3, \cdots,$$
$$a_1 + a_2 + a_3 + \cdots + a_n = s_n \qquad (*)$$

得到的数列 $\{s_n\}$ 在某一个值处是收敛的. 也就是说，当它的极限 $\lim\limits_{n\to\infty} s_n$ 被确定时，那么这个极限是级数 $\sum\limits_{k=1}^{\infty} a_k$ 的和，记作 $\lim\limits_{n\to\infty} s_n = \sum\limits_{k=1}^{\infty} a_k$. 与此相反的情况下，称为发散. 在

$$\sum_{k=1}^{\infty} \frac{1}{2^{k-1}} = 1 + \frac{1}{2} + \frac{1}{4} + \frac{1}{8} + \cdots + \frac{1}{2^n} + \cdots$$

中，由

$$s_n = \sum_{k=1}^{n} \frac{1}{2^{k-1}} = \left[1 - \left(\frac{1}{2}\right)^n\right] \Big/ \left(\frac{1}{2}\right)$$

得到

$$\lim_{n\to\infty} s_n = \lim_{n\to\infty}\left[1 - \left(\frac{1}{2}\right)^n\right] \Big/ \left(\frac{1}{2}\right) = 2.$$

因此,

$$\sum_{k=1}^{\infty} \frac{1}{2^{k-1}} = 2.$$

在 $\displaystyle\sum_{k=1}^{\infty} k = 1 + 2 + 3 + \cdots + n + \cdots$ 中,由于 $s_n = \displaystyle\sum_{k=1}^{n} k = n(n+1)/2$,得到

$$\lim_{n\to\infty} s_n = \lim_{n\to\infty} n(n+1)/2 = \infty.$$

明显地,级数和是不收敛的. 请注意,得到 ∞ 意味着没有限制.

在 $1 - 1 + 1 - 1 + \cdots + (-1)^{n-1} + \cdots = \displaystyle\sum_{k=1}^{\infty} (-1)^{k-1}$ 的情况下, $1 = s_1$, $1 - 1 = 0 = s_2$, $1 - 1 + 1 = 1 = s_3$, $1 - 1 + 1 - 1 = 0 = s_4$, $\cdots$, $1 - 1 + 1 - 1 + \cdots + (-1)^{n-1} = s_n = 1(n$ 是奇数$)$ 或 $0(n$ 是偶数$)$.

这个数列 $\{s_n\}$ 得到的是 $+1$ 和 -1 的交替出现,它没有一个确定值. 因此,这个级数也称为发散的. 但是,换个角度来看,

$$\sum_{k=1}^{\infty} (-1)^{k-1} = 1 - 1 + 1 - 1 + \cdots + (-1)^{n-1} + \cdots$$

$$= (1-1) + (1-1) + \cdots + (1-1) + \cdots$$

这样不就变成 $0 + 0 + 0 + 0 + \cdots + 0 + \cdots = 0$ 了吗? 可是,这儿考虑的是按 $1 - 1 = 0 = s_1$, $1 - 1 = 0 = s_2$, $1 - 1 = 0 = s_3$, $1 - 1 = 0 = s_4$, $\cdots$ 来

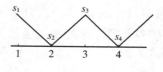

排列的数列,这就违反了前面提到的级数的含义[见(*)式].

18 世纪时,人们还没有充分认识到级数的收敛性. 实际上,刚才提到的那个式子是将 $x = 1$ 代入 $1/(x+1)$ 的级数展开式 $1 - x + x^2 - x^3 + \cdots$ 后得到的一个级数. 在当时,就连伟大的数学家莱布尼兹都犯了错误,将它算成 $1/2$.

简而言之,级数是指无穷多个数相加,但对相加的规则却做出了严格的规定.在这儿,不允许任意改变加法顺序和添加括弧.

最有规律、最简单的是等差级数和等比级数.在首项＝公差＝0以外的情况下,等差级数是发散级数.等比级数在其公比的绝对值小于1和大于1的情况下,分别是收敛的和发散的.

无穷级数存在于积分和函数的展开中.数学上,因为无穷级数的频繁出现,使判断级数的敛散性成为一个大问题.由此产生了一系列的级数收敛判别法.

例如,达兰贝尔判别法.在所有的项都是正数的某个级数(正项级数)$\sum\limits_{n=1}^{\infty} a_n$中,对于各个$n$,若存在$a_{n+1}/a_n \leqslant r < 1$的$r$,则级数收敛.若存在$a_{n+1}/a_n \geqslant r > 1$的$r$,则级数发散.这就是达兰贝尔判别法.达兰贝尔(D'Alembert, J. L. R.)是18世纪法国的数学家.

但是,在$s(s > 1)$是任意实数的条件下,对于级数$\sum\limits_{n=1}^{\infty} \frac{1}{n^s}$,无法用达兰贝尔判别法来判定它的敛散性.欧拉发现了这个级数与素数p的关系式:

$$\prod_p \frac{1}{1-p^{-s}} = \sum_{n=1}^{\infty} \frac{1}{n^s}.$$

公式左边称为欧拉积($\prod$是连乘的省略号,表示所有素数的积).黎曼(Riemann, B.)研究了s是复数的情况下公式右边的级数变化.这被称作黎曼的ζ函数,记作

$$\zeta(s) = \sum_{n=1}^{\infty} \frac{1}{n^s}.$$

出生于德国的黎曼是19世纪伟大的数学家之一.

第 13 讲　lim
与爱挑剔的恋人相处

lim 是表示"极限"的英语 limit 的缩略语. 说是缩略语, 可也只省略了两个字母"it"而已……

这个符号从来不单独使用, 总是与→相伴而行, 写成 $\lim\limits_{n\to\infty}$ 或 $\lim\limits_{n\to 0}$ 这样的形式. 这两种写法分别表示"n 无限增大"和"n 无限接近于零". 其中, $\lim\limits_{n\to\infty}$ 也不单独使用, 写成诸如 $\lim\limits_{n\to\infty}\dfrac{1}{n+1}$ 这样的形式. 对于数列 $a_n = 1/(n+1)$, 当 n 增大时, 为了表示这个数列的遥远将来的情况, 写成 $\lim\limits_{n\to\infty}\dfrac{1}{n+1}$.

单纯地表示"n 无限增大"和"n 无限接近于零"时, 采用 $n\to\infty$ 或 $n\to 0$ 中的"→"就可以了. 无限大(∞)是表示没有止境地增大的符号, 它不是数, 因此不能写成 $n=\infty$.

$\lim\limits_{n\to\infty}\dfrac{1}{n+1}=0$ 的含义是:"n 无限增大时, $1/(n+1)$ 无限接近于零."

可能有人会说,"无限接近……"这种说法听上去非常暧昧, 没有数学的精确性. 由于不能够写成 $n=\infty$, 伴随着 n 的增大, $1/(n+1)$ 最终也不可能等于零. 因此, 除了这种说法, 也没有其他的选择.

这种解释并不是指"无限接近"没有数学表现, 在后面部分会有说明的.

除了数列, 对于函数 $f(x) = 1/(x-2)$, 根据要求可以写成 $\lim\limits_{x\to 0}f(x)$ 或 $\lim\limits_{x\to 0}\dfrac{1}{x-2}$. 在函数上使用这个符号, 是为了讨论函数的

连续性或者判定函数的各种性质.

对于认为数学是黑白分明的人来说,只要将 $x=0$ 代入 $1/(x-2)$ 得到 $-1/2$,题目就解答完毕了.他们可能对刚才所提到的表现方法感到拖泥带水,令人不爽.

确实,有些场合是可以这样干净利索一下.在 $\lim\limits_{x\to 0}1/(x-2)$ 中,由于 $\lim\limits_{x\to 0}$ 表示"x 无限接近于零",那么 $x=0$ 代入 $1/(x-2)$ 得 $-1/2$ 是不成问题的.

但是,在 $\lim\limits_{x\to 2}1/(x-2)$ 中,代入 $x=2$ 后分母就为 0,按照数学规则是不能成立的.这里所说的"x 无限接近于 2"并不是 x 等于 2,也就不能将 $x=2$ 代入而得到 $1/0=\infty$. x 是由比 2 小的数开始逐渐接近 2——挑几个数字代入算式内试一下就能明白——得到负无穷大($-\infty$);同样地,x 是由比 2 大的数开始逐渐接近 2,得到正无穷大($+\infty$).写成

$$\lim_{x\to 2}\frac{1}{x-2}=\pm\infty.$$

刚才我们说过无穷大不是数字,不能写成 $x=\infty$.那么,这儿是对"x 无限接近于 2 时,$1/(x-2)$ 的将来会怎样"的提问,做出"无限增大"或"无限减小"的回答是情理之中的事.可以记作 $=\infty$ 和 $=-\infty$.

极限问题中最关键的是接近的一方往往能够改变发展的趋势.这就有点儿像和敏感的、爱挑剔的人谈恋爱似的,有时谦恭些,有时摆点威风,两人之间的关系会有意想不到的发展.

其实,条件 $x\to 2$ 有两层含义:一是从比 2 小的地方开始接近;另一是从比 2 大的地方开始接近,详细地写成:$x\to 2^{-}$ 和 $x\to 2^{+}$.那么,

$$\lim_{x\to 2^{-}}\frac{1}{x-2}=-\infty,\ \lim_{x\to 2^{+}}\frac{1}{x-2}=+\infty.$$

毫无例外地,数学符号是一种普通化的符号.在不违反原则的前提下,可以自由灵活运用. $\lim$ 表示"……接近……",包括采取主

动方在内, 一手包办了这个不紧不慢的表现. 取极限这种方法的
算术化为运算带来了好处.

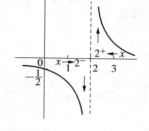

　　使用 lim 这个符号, 假如数列 $\{a_n\}$
和 $\{b_n\}$ 是收敛的, 求这两个数列的和的
极限就是将这两个数列各自的极限相
加. 减法就是各自的极限相减. 乘法和
除法运算也是依此类推.

　　存在 $\lim\limits_{n\to\infty} a_n = A$, $\lim\limits_{n\to\infty} b_n = B$, 则

$$\lim_{n\to\infty}(a_n \pm b_n) = \lim_{n\to\infty} a_n \pm \lim_{n\to\infty} b_n = A \pm B,$$

$$\lim_{n\to\infty}(a_n \times b_n) = \lim_{n\to\infty} a_n \times \lim_{n\to\infty} b_n = A \times B,$$

$$\lim_{n\to\infty}(a_n/b_n) = \lim_{n\to\infty} a_n / \lim_{n\to\infty} b_n = A/B \quad (B \neq 0).$$

　　微积分学的研究方法是极限方法, lim 和微积分学紧密联系
在一起. lim 的算术化为微积分学的发展作出极大贡献.

　　19 世纪初, 捷克的波尔查诺 (Bolzano, B.) 给出了数列收敛
的数学定义. 法国人柯西 (Cauchy, A.) 推广了这个定义的使用.

　　他们对数列 $\{a_n\}$ 在 A 处收敛 ($\lim\limits_{n\to\infty} a_n = A$) 的定义是:

　　对任意给定的正数 ε, 总存在这样的数 N, 使得当 $n \geqq N$ 时,
对于所有的数 n, 不等式 $| \; a_n - A \; | < \varepsilon$ 成立.

　　在 1786 年出版的瑞士人吕利埃 (L'Huilier, S.) 的书中, 第
一次使用 lim 这个符号. 刚开始的时候没有 $n\to\infty$ 这一写法, 都使
用 $n=\infty$. 进入 20 世纪, 才用 → 代替 =. 不过, 从 19 世纪活跃到 20
世纪的英国人哈代
(Hardy, G. H.) 写下
了 $\lim\limits_{n\to\infty}(1/n) = 0$, 这种
写法与现在所使用的
是相同的.

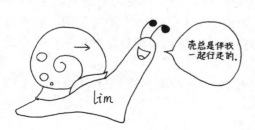

第 14 讲 dx/dy
微分学的成长过程

f' 和 dy/dx 都是微商(导数)的符号.

17 世纪,英国的牛顿和德国的莱布尼兹分别独自发现了微商. dy/dx 是莱布尼兹引入的微商符号,而 $f'(x)$ 是继他俩之后,法国的拉格朗日(Lagrange, J. L.)使用的微商符号. 在 19 世纪初,为解析学打下基石的法国人柯西则是两种符号都用.

在物理等学科上,经常使用的 $\dot{x}$ 是牛顿的微分符号. 由于牛顿是在分析物体的运动规律时使用到它,他称之为流量(flux),而不是微分(differential). 莱布尼兹称之为微分. 他在几何学范畴内,从纯数学的角度来思考微分.

理解微商最常见的例子是分析路程、速度和时间的关系.

汽车时代的今天,速度仪就会告诉你汽车的行驶速度. 这样往往造成一种先有速度的错觉. 其实,速度是来自路程和时间的概念,通过"路程÷时间"计算速度. 取缔违章超速用的测速仪的工作原理就是测定一个确定的短时间内行驶的路程.

假设一辆正在行驶的汽车在 a 时刻出发,经过 h 小时,从 P 处行驶到 Q 处. 路程是时间的函数,时间是 t,行驶的路程记作函数 $x(t)$,a 时刻的点 P 处是 $x(a)$,$a+h$ 时刻的 Q 点处是 $x(a+h)$. 这时,路程÷时间=$[x(a+h)-x(a)]/h$ 被称为平均速度. 如果想得到通过 P 点那一瞬间的速度,只要缩短时间间隔 h 就可以了. 当 $h\to0$ 时,$[x(a+h)-x(a)]/h$ 的值应该是汽车在 P 点也是 a 时刻的瞬时速度.

这称为函数 $x(t)$ 在时刻 $t=a$ 时的微商,记作 $(\mathrm{d}x/\mathrm{d}t)_{t=a}$ 或 $x'(a)$.

用现在的符号可写成:

$$\lim_{h\to 0}\frac{x(a+h)-x(a)}{h}=\left(\frac{\mathrm{d}x}{\mathrm{d}t}\right)_{t=a}=x'(a).$$

像这样,在计算瞬时速度的同时,出现了微商.路程的函数对时间 t 的微商在时刻 a 的值,即 $(\mathrm{d}x/\mathrm{d}t)_{t=a}$ 就是瞬时速度.微商并不是一个很难理解的概念,简单得只要四五个字就能说清了:除法(比)的极限.不过,当 h 等于零时,$x(a+h)-x(a)$ 等于零,除法变成 0/0.这意味着,天下没有十全十美的事,存在着没法进行微分的情况.

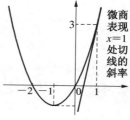

微分和积分是互逆运算.对速度积分,就能得到路程.因此,有人说,微分是乘法;积分是除法.

通常情况下,函数记作 $y=f(x)$.

有一个函数 $y=f(x)=x^2+2x$,求它在 $x=1$ 处的微商.

因为,

$$f(1+h)-f(1)=(1+h)^2+2(1+h)-(1^2+2\cdot 1)$$
$$=h^2+4h,$$

所以,

$$\left(\frac{\mathrm{d}y}{\mathrm{d}x}\right)_{x=1}=f'(1)=\lim_{h\to 0}\frac{f(1+h)-f(1)}{h}$$
$$=\lim_{h\to 0}(h^2+4h)/h=\lim_{h\to 0}(h+4)$$
$$=4.$$

刚才所说的 $x=1$ 是一个特定点,在没有指定特定点时,x 有一增量 h,相应的函数也有一个增量 $f(x+h)-f(x)$,两者相除 $[f(x+h)-f(x)]/h$ 的极限称为在 x 点的微商.由于它成为 x 的函数,因此也称为导函数,记作 $\mathrm{d}y/\mathrm{d}x$ 或 $f'(x)$.

$$\mathrm{d}y/\mathrm{d}x=f'(x)=\lim_{h\to 0}\frac{f(x+h)-f(x)}{h}.$$

如果 $y = f(x) = x^2 + 2x$，那么，

$$f(x+h) - f(x) = (x+h)^2 + 2(x+h) - (x^2 + 2x)$$
$$= h^2 + 2hx + 2h,$$

因此，

$$\mathrm{d}y/\mathrm{d}x = f'(x) = \lim_{h \to 0} \frac{f(x+h) - f(x)}{h}$$
$$= \lim_{h \to 0} (h^2 + 2hx + 2h)/h$$
$$= \lim_{h \to 0} (h + 2x + 2)$$
$$= 2x + 2.$$

求在 $x = 1$ 处的微商，不用前面的方法，采用后面这种先求导函数再代入 $x = 1$ 的方法，就十分方便了.

下厨

当然，按定义式一个一个计算函数的微商确实是件麻烦的事. 如果能记住一些常用的基本函数，像 $y = x^n$、$y = \log_a x$、$y = \sin x$、$y = \cos x$、$y = e^x$ 的微商，那是最理想的了. 数学不是一门死记硬背的学科，不过花点时间记住那些常用的、必备的基本公式，就能比别人领先一步了. 这就有点儿像下厨，看着菜谱一步一步做. 好不容易菜做好了，纵使是美味佳肴，精疲力竭的你早就没了胃口，说不定先去睡上一大觉.

现在要讲的增量所用的符号是 Δx 和 $\Delta y = f(x + \Delta x) - f(x)$. 用它们可写成：

$$\frac{\mathrm{d}y}{\mathrm{d}x} = f'(x) = \lim_{\Delta x \to 0} \frac{f(x + \Delta x) - f(x)}{\Delta x}$$

$$= \lim_{\Delta x \to 0} \frac{\Delta y}{\Delta x}.$$

　　从这个定义式看到，Δx 是非常微小的时候，有 $f'(x) \doteqdot \dfrac{\Delta y}{\Delta x}$.

（$\doteqdot 0$ 表示接近于零），那么

$$\Delta y \doteqdot f'(x)\Delta x.$$

　　这个等式告诉我们，Δx 被看作表示趋于 0 的极限的符号，具有与 d$y = f'(x)$dx 相同的含义. 从而说明，d$y/$d$x = f'(x)$ 和 d$y = f'(x)$dx 是同样一件事.

　　这是对 d$y/$dx 采用如同分数一样的计算方法的理由. 这种性质体现出微分学的威力.

　　特别是复合函数的微商运算可以看成是分数的乘法运算.

　　像 $y = (x^2 + 1)^{10}$ 这样的函数，首先设 $t = x^2 + 1$，即 t 是 x 的函数. 这儿 t 是中间变量，得到 $y = t^{10}$. 现在的计算就变成求 t 在 x 点的微商，以及求 y 在 t 点的微商，这不简单了嘛. 对于复杂的函数，最主要的是尽量把它分解成较简单的函数. 即使是天才，也懂得欲速则不达的道理.

　　t 是 x 的函数，在 x 处的微商是：

$$\frac{\mathrm{d}t}{\mathrm{d}x} = 2x.$$

并且，y 是 t 的函数，在 t 处的微商是：

$$\frac{\mathrm{d}y}{\mathrm{d}t} = 10t^9.$$

这时，可以将微商看作分数计算，则：

$$\frac{\mathrm{d}t}{\mathrm{d}x} \cdot \frac{\mathrm{d}y}{\mathrm{d}t} = \frac{\mathrm{d}y}{\mathrm{d}x}$$

得到

$$\frac{\mathrm{d}y}{\mathrm{d}x} = \frac{\mathrm{d}t}{\mathrm{d}x} \cdot \frac{\mathrm{d}y}{\mathrm{d}t} = 2x \times 10t^9 \quad (再将 \ t = x^2 + 1 \ 代入)$$

$$= 20x(x^2 + 1)^9.$$

如此看来,按分数运算的性质得到的

$$\frac{\mathrm{d}y}{\mathrm{d}y} = \frac{\mathrm{d}x}{\mathrm{d}y} \cdot \frac{\mathrm{d}y}{\mathrm{d}x}$$

是成立的. 等式左边是 $\mathrm{d}y/\mathrm{d}y = 1$, 得到

$$\frac{\mathrm{d}x}{\mathrm{d}y} = \frac{1}{\mathrm{d}y/\mathrm{d}x}.$$

几乎所有的科学现象必须用微分学来描述. 为什么在科学上,经常出现根据时间变化的膨胀和收缩呢? 那是因为这个膨胀的速度其实是个微分值. 牛顿建立了运动方程式(微分方程)来描写天体的运动. 只要解出微分方程,就可以了解天体的运动规律和轨道.

尽管微分学比积分学形成的晚,但最初想到微分学方法的并不是牛顿和莱布尼兹. 在他俩之前很久已经出现了微分的萌芽期. 实际上,在古代已经存在如何在已知曲线上画一条切线和求极限值的问题. 法国的费马(Fermat, P. de)曾经非常接近微分,而牛顿的老师巴罗(Barrow, I.)已触及微分的概念. 从这方面说,有人认为巴罗是微分的先驱.

但是,最重要的一点是牛顿从几何学角度出发,发现了微分和积分之间的互逆关系. 对于牛顿来说,这个发现是相当必要的. 它为计算天体运动的轨道以及确立牛顿的经典力学作出关键性的贡献. 假使没有发现这种互逆关系,即使建立了方程(微分方程),也没有办法求解. 无法发挥威力的微分学只能是空有虚名罢了.

威力受阻

第 15 讲 $\int$

堆积成山

积分号 $\int$ 是"和"的拉丁语 summa 的首写字母 s. 发明这个符号的人是莱布尼兹. 最初, 积分的产生是为了计算面积和体积(求积). 自遥远的古代起, 求积问题就引起人们的关注, 积分概念的形成也远远早于微分.

古希腊的阿基米德用被称为"取尽法"或"竹帘法"的方法, 对抛物线和直线所围成的图形求积."竹帘法"也称为天平的原理, 它运用了所谓的平衡的力学(具体参阅小林昭士的《圆的数学》, 裳华房版).

"取尽法"是将闭曲线围成的面积看成其内接多边形面积的近似值(联想到圆的面积与其内接多边形面积近似, 就能理解了. 相传早在公元前 4 世纪, 希腊人安提丰(Antiphon)提出了圆面积这种计算法.).

在那个时代里, 还没有极限这个概念, 更不懂得使用无限, 只能用被称作阿基米德原理[1]的原理、通过反证法来证明.

经过漫长的等待, 进入开普勒的时代以后, 求积问题取得了飞跃性的进展. 开普勒是 16 世纪末 17 世纪初十分著名的天文学家.

有一天, 开普勒打算去买葡萄酒, 但他对酒杯容量的测量方法感到不满. 据说那时酒杯容量的计算是基于阿基米德的"取尽法"原理而发展起来的. 由饮料引起的不快是可怕的. 数学家中喜欢品酒的大有人在, 调酒师们可千万别短斤少两哟.

开普勒的方法和目前日本小学课本上所说的圆面积计算法相似. 在小学课本中, 以圆心为顶点、把一个圆分割成多个大小相等的扇形,然后把它们交错拼接,得到一个接近长方形的图形,用求长方形面积的方法来计算这个面积.

这些较小的扇形类似于三角形,它们的面积总和看成是圆面积,圆弧也就近似于直线(弦)了. 如果分割成无限小,形成的等腰三角形的面积总和就是圆的面积. 有这种想法的人就是开普勒. 由此可见,计算任何一个图形的面积或体积时,只要把它分割成多个极小的三角形或矩形,然后把它们的面积加起来就可以得到整个面积的近似值了. 这个总和(sum)的 s 符号化后,得到 $\int$.

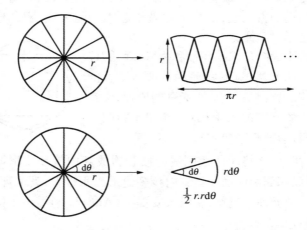

相当不讲理但又十分有效的方法是:一个半径 r 的圆中,分割的极其小的圆心角 $\mathrm{d}\theta$ 所对的圆弧 $r\mathrm{d}\theta$ 和半径 r 组成一个三角形,这个三角形面积大体上是 $\frac{1}{2}(r \cdot r\mathrm{d}\theta)$.

由于是把所有三角形的面积加起来,圆心角 $\mathrm{d}\theta$ 在 0~2π 范围内汇集起来的算式,写成

$$\int_0^{2\pi}\left(\frac{1}{2}\right)(r \cdot r\mathrm{d}\theta) \quad (\int_0^{2\pi} \text{是指从 0 到 } 2\pi \text{ 的汇集}).$$

按下列步骤计算圆面积 πr^2,

$$\int_0^{2\pi} \frac{1}{2}(r \cdot r\mathrm{d}\theta) = \frac{1}{2}r^2\int_0^{2\pi}\mathrm{d}\theta \quad (r \text{ 是常数,与汇集区间无关}).$$

$\int_0^{2\pi} \mathrm{d}\theta$ 中, $\mathrm{d}\theta$ 是在 $0\sim2\pi$ 范围内, 其值是 2π, 按现在的表示法, 写成

$$\int_0^{2\pi} \mathrm{d}\theta = \theta \Big|_0^{2\pi} = 2\pi - 0 = 2\pi. \quad \text{*2}$$

那么,

$$\frac{1}{2} r^2 \int_0^{2\pi} \mathrm{d}\theta = \frac{1}{2} r^2 \theta \Big|_0^{2\pi} = \pi r^2.$$

事实上, 圆弧分割得极其小后, 最终会变成一个点. 从极限的角度来讲, 形成了没有面积的线(半径)的无限集中. 因此, 在当时, 人们很难评判这种方法的正确性. 经过长达三个世纪的等待, 到了 19 世纪极限的概念被明确后, 这种计算方法才找到严谨的数学依据. 并且用这个方法计算的结果与以前开普勒的相同, 因此, 它也适用于球的体积以及葡萄酒杯容量的计算.

又过了 20 年, 意大利的卡瓦列利(Cavalieri, F. B.)改用其他方法计算闭曲线围成的面积和体积, 进一步发展了积分. 卡瓦列利引入了"不可分者"的新概念, 产生了称为"卡瓦列利原理"的新方法.

卡瓦列利原理是指, 例如有两个底边在同一直线上的三角形, 作一条该直线的平行线且横截这两个三角形, 横截后得到的两条线段长度总相等. 无论这条平行线离底边有多高, 这两个三角形的面积都相等.

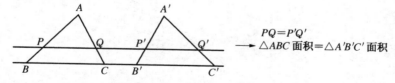

$PQ = P'Q'$ ⟶ $\triangle ABC$ 面积 $= \triangle A'B'C'$ 面积

也就是说, 将三角形的面积看成是一条挨一条线段的汇集, 每条相对应的线段的长度相等, 那么这两个三角形的面积就相等. 这样的线段称为不可分者. 这个新概念与近代积分学的发展有着紧密的联系.

现在的积分表达式 $\int f(x)\mathrm{d}x$ 中,对应不可分者的是 $f(x)\mathrm{d}x$ 部分. 例如 $f(x)=x^2$, $x^2\mathrm{d}x$ 指底边是 $\mathrm{d}x$ 、高是 x^2 的长方形. 当 $\mathrm{d}x$ 无限接近小时,这个长方形就会变成一条直线. 积分可以认为

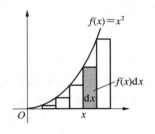

是各个矩形(长方形)面积的代数和. 卡瓦列利在 $x=0$ 到 $x=1$ 的范围内, 用这个原理在几何上求解,进一步推导得到下列公式

$$\int_0^1 x^n\mathrm{d}x=\frac{1}{n+1}.$$

卡瓦列利之后,伽利略(Galilei, G.)的学生托里切利(Torricelli, E.)和法国数学家费马用这个方法,对旋转体和多项式表达的图形求积. 现在使用的积分表示 $\int f(x)\mathrm{d}x$ 始于费马.

这么看来,积分是从几何学上的求积发展起来的. 之后,在牛顿和莱布尼兹时代,正式引入了微分,考虑到用微分来描述天体运动,建立微分方程. 在对这个方程求解的过程中,发现积分是微分的逆运算. 这一发现使积分超越了几何学求积的界限,成为非常重要的数学概念之一. "微分""积分"鹊桥相会,大团圆,恭喜恭喜.

鹊桥会

---

*1　阿基米德原理是指某个任意自然数 n ,对于任意数 a 和任意正数 b ,存在 $nb>a$.

*2　原书中使用的定积分表示是: $\int_0^{2\pi}\mathrm{d}\theta=\left[\theta\right]_0^{2\pi}=2\pi-0=2\pi$.

第16讲　i, j, k
实数、虚数后面会是谁?

　　从小学开始学习自然数、分数和小数,到了初中是负数,进入高中还有复数.数留给我们的印象是它在不断地扩张.

　　复数并不是数的终点站,很遗憾地告诉你,离尽头还早着呢.数学不仅仅使用在数学这个领域,它还像张蜘蛛网似的连接着生活和科学各个领域,特别是物理和工学,可以说没有数学就活不下去.可以用平面上的点来表示的复数只是二维的数,而在物理和工学上往往要使用四维的数呢.

　　i, j, k 是四维数的 3 个单位,再加上普通的数的单位 1 正好凑齐 4 个单位.由它们构成四元数.

　　它们满足下列规则:

$$i^2 = j^2 = k^2 = -1,$$
$$ij = k, \ ji = -k, \ jk = i, \ kj = -i,$$
$$ki = j, \ ik = -j.$$

咋看第一个关系式,马上会联想到虚数单位 i,看上去 j, k 也具有相同的性质.请别着急,从第二个关系式起,明显地反映出 j 和 k 的值不是 $\sqrt{-1}$.

　　实数 a, b, c, d 和 4 个单位形成四元数.写成

$$\alpha = a + bi + cj + dk \ (a, b, c, d \text{ 是任意实数}).$$

　　对于这种形式的数,其加法、减法的定义如下:

　　设另一个四元数为

$$\beta = a' + b'i + c'j + d'k \quad (a', b', c', d' \text{ 是任意实数}),$$

则

$$\alpha \pm \beta = (a \pm a') + (b \pm b')i + (c \pm c')j + (d \pm d')k.$$

利用 i, j, k 规则,四元数作为普通的数进行乘除运算. 乘法的结果还是四元数,这一点可以从积上得到证明.

有一个四元数

$$\bar{\alpha} = a - bi - cj - dk,$$

那么,

$$\alpha \cdot \bar{\alpha} = a^2 + b^2 + c^2 + d^2.$$

这时 $\bar{\alpha}$ 叫做 α 的共轭. 同时有

$$|\alpha| = \sqrt{\alpha \cdot \bar{\alpha}} = \sqrt{a^2 + b^2 + c^2 + d^2},$$

称为 α 的模(norm),也称为长度.

四元数经过加减乘除后还是四元数. 根据这一点,人们认为四元数是一种新的数.

并且,当 $b = c = d = 0$ 时,由 $a + 0i + 0j + 0k$ 得到 a,表示的是实数. 当 $c = d = 0$ 时,由 $a + bi + 0j + 0k$ 得到 $a + bi$,表示的是复数. 可见,在特殊情况下,四元数是包含实数和复数的数.

i, j, k 规则中有 $ij = k$, $ji = -k$,显然它们不满足乘法交换律(这种性质称为非交换性). 一般的,对于两个四元数 α 和 β,存在 $\alpha\beta \neq \beta\alpha$. 这就是四元数有别于实数和复数的地方.

另一方面,还可以写成

$$\alpha = a + bi + cj + dk = (a + bi) + (cj + dk)$$
$$= (a + bi) + (cj + dij)$$
$$= (a + bi) + (c + di)j.$$

假如 i 看成是虚数单位,就会得到复数 $(a + bi)$ 和 $(c + di)$. 设 $v = a + bi$,$w = c + di$,就变成

$$\alpha = v + wj.$$

因此,我们也可以说四元数是由任意两个复数 v 和 w 构成的数,写成

$$\alpha = v + wj, \ j^2 = -1.$$

四则运算的特点是其自由性. 复数在适用交换律的数系中占有很大比例,19 世纪,汉克尔(Hankel, H.)证明了这一点. 想方设法证明了四元数中包含实数和复数,可是四元数还是四元数,它的非交换性丝毫没有改变.

四元数的发现者是 22 岁就成为天文学教授的英国人哈密顿(Hamilton, W. R.). 四元数的发现是基于一切的数都符合交换性这一点,开辟了一种新的思维方式,即未必的必然,说白了,就是对必然性的质疑.

哈密顿还是第一个使用"标量"和"矢量"称呼的人,是他建立了矢量解析的基础.

第 17 讲　△, ∇, ∠
符号代表形体

形如其人的最好例子就是△,一看就明白它代表三角形.△不是一位独行者,常会有三位朋友陪伴在身边,如△ABC.几何符号中,这类象形符号十分多,始于中世纪和文艺复兴时期以后.其他的还有长方形□、圆○、角∠、及⊿等等.符号⊿也是形如其人,代表直角三角形,只是近年来几乎没人使用它了.

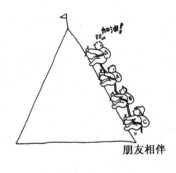

朋友相伴

就像刚才所说的那样,三角形符号△没有诞生在古代.大约在公元 1 世纪,希腊数学家海伦(Heron)用∇代表三角形.其实,在古代希腊,△代表的是数字"10",根本没想到把它作为三角形符号普及使用.进入 16 世纪,法国的赫里贡(Herigone, P.)等人才把△作为三角形的符号.

到高中为止,我们所学的几何学称为欧氏几何.它的内容是以欧几里得(Euclid, E.)在公元前约 300 年编写的《几何原本》为基础.该书全套共 13 卷,由三大内容构成:第 1~4 卷和第 6 卷是平面几何,第 5、第 7 和第 10 卷是整数论,第 11~13 卷是立体几何.

第 1 卷中,欧几里得从 23 条定义(definition,数学上的约定)、5 个公设(postulate,因为理所当然而被认同的理论)和 5 条公理(axiom,运用的规则)出发,通过演绎法建立了有关平面的 48 条定理(演绎法是指用一般定义和公理推出各种定理的方法,与演绎的相反是归纳).

欧几里得的这套《几何原本》是全世界仅次于《圣经》的畅销

书.一想到这么严密的演绎推理体系是建立在非常遥远的古代,就不得不感叹现代人的渺小.

在古代几何学中,出现过希腊文字、拉丁文字和图形,但像△、∠等的符号却毫无记载.

历史相当悠久的几何学,它的符号化却是"千呼万唤始出来".姗姗来迟的原因可能是:几何学不同于直接用数计算的其他学科,它使用的是以文字表达为主的证明;况且,三个字母 ABC 写在一起,给人的印象就是三角形,也就认为没有必要特意地将三角形 ABC 写成△ABC.或许还有一个原因是印刷技术的落后,几何的非符号化反映出当时的文化科学是靠口述的形式,得以世代相传.

欧几里得的《几何原本》中出现了三角形的内角和是平角(180°)、三角形全等的条件等等,但是,没有 180°之类量的表现以及全等这一说法.

第 47 条定理是著名的毕达哥拉斯定理,最后一条的第 48 条是它的逆定理.这两条定理是初中几何教学的目标之一.毕达哥拉斯定理与高中的三角函数有着紧密地联系.因此,认为它是一条关键的定理也是合乎情理的.

符号△、▽除了表示图形外,还有其他用法.

在解析学中,出现微分时,自变量 x 的增量记作 Δx(正确的写法不是 Δ, 而是 Δ). 此外, Δ 还被用于表示拉普拉斯算子(Laplace, P. S.),是一种微分符号.三个变量的拉普拉斯算子写成 $\Delta = \dfrac{\partial}{\partial x^2} + \dfrac{\partial}{\partial y^2} + \dfrac{\partial}{\partial z^2}$.

同样地,▽写成 ∇f,表示函数 f 的梯度.在微分几何中,▽还用来表示联络(微分的一种).

看来,△和▽是使用方便且贵重的符号.

第 18 讲 $\backsim$, $\propto$
相似是不断的重复……

$\backsim$ 是相似的符号,许多人说它来自英语 similar 的首写字母 s. 也是,看它的外形就是一个横卧的 s. $\triangle ABC$ 相似于 $\triangle DEF$,记作 $\triangle ABC \backsim \triangle DEF$. 这个相似符号好像是莱布尼兹发明的. 那是在 17 世纪的事. 莱布尼兹使用的相似符号既有 ~ 也有 $\backsim$. 其实,在莱布尼兹之前,英国的奥特雷德则是用"~"和"$\backsim$"来表示差. 减法(subtraction)的英语首写字母也是 s,因而,使用了同样的符号也不算离奇吧.

$\propto$ 的表现形式通常是 $a \propto b$,表示 b 与 a 成正比. 但 $\propto$ 不表示形状的比较.

自古以来,就经常使用相似这个概念. 在古代,盛行天文观测,在相似的基础上发明了三角比(sin, cos, tan). 相似意指大体上相同,因此比全等更容易见到. 只是,用数学语言描述相似却是件棘手的事.

例如,两个多边形相似指的是:

"这两个多边形对应角相等且对应边成比例."

当然,判断两个三角形相似时,则简单多了.

"如果两个三角形对应角相等则是相似三角形."

或者,对应边成比例,也是相似三角形.

对于一般的图形,尽管对应角相等,但它们不是相似图形. 刚才的定义变得有点儿怪异了. 譬如正方形和长宽不等的长方形,即使对应角在哪儿都是相等的,然而就连口语中我们都不说它们是相像的.

可是,有一个特例就是圆.无论大小如何,只要是圆就是相似的.这儿也无法使用判断多边形相似的方法.因而,有必要寻找相似的更具一般性的定义.

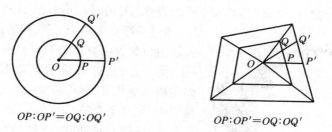

$OP:OP'=OQ:OQ'$　　　　　　　$OP:OP'=OQ:OQ'$

事实上,当两个图形相似时,选定一个相似中心点 O.以 O 为顶点引一条直线与两个图形的交点分别是 P 和 P',对于任何一条以 O 为顶点的射线,OP/OP' 的值是不变的.相反地,我们也可以说只要存在相似中心点 O,那么这两个图形就是相似的.在圆的情况下,能够选择圆心作为相似中心点 O.那么以中心 O 为顶点引一条射线后,O 与两个交点的距离之比等于两条半径之比.因此,圆是相似的.

这个称为相似的关系具有与"＝"相同的原理,满足等值关系.等值关系是由三种性质(自反律、对称律和传递律)构成.因此,也可以有一门认为两个相似图形是"相同"的几何学.在这个原理的基础上,建立的研究图形性质的几何学称为相似几何学.

十几年前,曾经流行这样一种说法:

"相亲时,女孩子最好请母亲陪着来."

这是因为人们认为从母亲身上就能看到女儿将来的模样.构成细胞的 DNA 似乎也具有相似的重复性.现在,女孩子的独立性更强,她们也许会说:

"相亲时,男孩子也应该请父亲陪着来."

　　无论是动植物还是微生物,其外表形状永远是代代相传的,具有一定的相似性.自然界中表现出相似的东西非常多,1970年代创立分形几何学的曼德布罗特(Mandelbrot, B. B.)提出了自然界的形状具有"自相似性"的概念.人们试图借助计算机的力量,通过不断重复某几个单纯的函数,表现出自然界中复杂的形状和图形.

（在毕业设计时,学生画的凤尾草）

　　另一方面,还有认为相似图形最终变成全等图形的几何学.在这门几何学中,完全不存在相似的图形.它称为双曲几何学,是非欧几何中的一员.由"相似"引出的一大段话中,我们了解到数学只是一种对实际现象做出正确合理解释的工具.数学世界中,既存在没有相似图形的几何学,也包含只研究相似图形的几何学,可谓是一个五花八门、丰富多彩的世界.

第 19 讲　⊥，∠，∥
三角形内角和是 180°吗？

　　这些符号都是几何学符号,通过符号的形状来表示几何性质.

　　⊥是两条直线垂直(垂直相交)的符号.符号本身就能构造出这个图形,横线代表一条直线,竖线是另一条与横线垂直的直线.两条直线 m 和 n 相互垂直,记作 $m \perp n$.

　　∠表示两条直线构成的角.横线所代表的一条直线和与其成一定角度的另一条直线构成角的两条边.在三角形 ABC 中,可以用∠A 或者∠ABC 等表示各个角.直角(right angle)的符号比较特殊,采用首写字母,记作∠R.

　　最后,∥表示两条直线相互平行.两条直线 m 和 n 平行时,记作 $m \parallel n$. 这个符号也使用在矢量上.

　　从小学、中学到高中,我们所学的欧氏几何完成于公元前 300 年间,那时的说明和证明是用文字形式来表达的,根本没有使用上述这些符号.

　　△、⊥、∟、∠、○、□、∽、⌒等符号,绝大部分来自文艺复兴时期,正式使用则在 17 世纪之后.16 世纪后半叶到 17 世纪,伴随着符号在代数学上的普及使用,人们认识到在几何证明中,使用符号比文字书写更简洁、更清晰.最近,越来越多的孩子认为几何证明是抽象的、麻烦的.对数学教育来说,这实在是件令人头疼的事.

　　17 世纪,法国数学家赫里贡在证明毕达哥拉斯定理时,使用了⊥和∠.他把⊥当作垂直符号,∟当作直角符号.公元 3 世纪,古希腊数学家帕普斯(Pappus of Alexandria)已经使用了平行的符号═.赫里贡沿袭了帕普斯的平行符号═. 好像是英国人雷考德(Recorde, R.)发明的等号═在欧洲的广泛使用,逼得平行符

号＝不得不站起来,变成‖.奥特雷德在 1677 年写的书中使用了
‖,但这个符号的普及化是在 18 世纪以后.在中国和日本,它表
现得有点儿斜,写成∥.

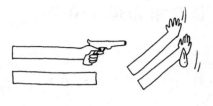

　　我们曾经稍微提过,目前学校所教的几何是欧氏几何.它是公元前 300 年间,欧几里得编撰的《几何原本》中的一部分.这套 13 卷的《几何原本》中,第 1 卷是平面几何.第 1 卷的内容是由 23 个定义、5 条公设和 5 条公理推导出 48 条定理(命题).其中,第 47 条是毕达哥拉斯定理,第 48 条是它的逆定理.公设是指不用证明就能认可的理论.因此,在欧氏几何中,这 5 条公设没有必要经过证明来予以确认.

　　(1) 两点之间有且仅有一条线段;

　　(2) 线段自两个端点起能无限延长;

　　(3) 两点中,以一点为中心过另一点有且仅有一个圆;

　　(4) 直角处处相等;

　　(5) 当一条直线和两条直线相交时,如果形成的两内角之和小于两个直角,那么这两条直线会相交在间隔较窄一侧的某处.

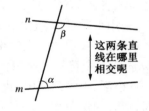

(假如 $\alpha + \beta < 180°$,那么 m 和 n 相交)

　　这门几何学建立在公元前.在这之后的近两千年中,围绕着这第 5 条公设展开了辩论.起因是第 5 条公设不同于其他 4 条,人们希望它能由(1)~(4)条公设推出.

　　根据(1)~(4),已知一条直线及该直线外一点 A,过 A 点能引直线平行于已知直线.问题是没人知道这样的平行线有几根.这时,使用第 5 条,证明了像这样的平行线有且仅有一条.实际上,公设(5)的内容就是"过直线外一点,有且仅有一条直线平行于已知直线".

如果过 A 点有两条以上的平行线,很
明显就不能说错角相等了.因此,由"有且
仅有一条平行线"得出一条人人皆知的定
理:"一条直线与两条平行线相交,内(外)
错角相等."通过这条定理,可以证明三角
形内角和是 180°.

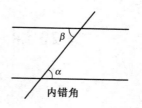

内错角

(平行则内或外错角相等)

如果公设中没有这第 5 条,那么也
就无法证明三角形内角和为 180°.这儿
的关键是三角形内角和为 180°存在于欧
氏几何中.三角形内角和为 180°本身就
是这个几何学的一个假说.

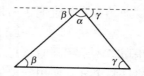

进入 19 世纪,匈牙利的波尔约(Bolyai, J.)和俄罗斯的罗巴切
夫斯基(Lobačevsky, N. I.)创立的非欧几何为证明第 5 公设的争
论画上了休止符.在非欧几何中,公设(1)~(4)不变,用"可以引两
条以上直线与原直线平行"的新公设来取代第 5 条公设.在这个理
论基础上,建立起这门不再引起任何矛盾的几何学.在非欧几何中,
三角形内角和不再是一个常数,而是小于 180°.并且它也没有欧氏
几何的相似概念,在这儿相似三角形就是全等三角形.

在几何学中,既存在三角形内角和小于 180°的几何学,也存
在三角形内角和大于 180°的几何学.从这一点上,能够看出数学
并不是所谓的绝对的真理,只不过是从现有的公设和公理推导出
来的真理.研究数学的人给人的感觉似乎是刻板的、没有情趣的
老顽固,实际上我们是最有想象力、最具浪漫色彩的人哟!

绅士探戈

第 20 讲　∴, ∵, iff, ⇔
种瓜得瓜,种豆得豆

17 世纪,两位数学家,法国人赫里贡和瑞士人雷恩(Rahn, J. H.)在几何证明中引入了数学符号.

雷恩在 1659 年写的《代数》中,用 ∴ 代表"所以". 不过,雷恩也用 ∵ 表示相同的意思. 在 18 世纪,还没有人把 ∵ 看作"因为". 将这两个分开使用好像是在 1827 年,出现在剑桥大学编辑的《欧几里德原论》一书中. 然而,最近出版的日本中学教科书中这两个符号却都销声匿迹了. 从这两个符号一前一后的排列,能体会到成长的心情. 对现在的孩子们来说,∵ 和 ∴ 的消失意味着失去了体会成长的乐趣. 正是这些符号的使用,训练和提高了孩子们的逻辑思考和组织能力……

iff 是英语 if and only if 的缩写,表示充分且必要. 实际上,它的替身⇔才是经常出场的.

例如,实数式 $x^2 + y^2 + z^2 = 0$ 成立的充要条件是 $x = y = z = 0$. 这句话用符号表示:

$$x^2 + y^2 + z^2 = 0 \qquad iff \qquad x = y = z = 0,$$

或者

$$x^2 + y^2 + z^2 = 0 \qquad \Leftrightarrow \qquad x = y = z = 0.$$

数学上,存在"是必要条件不是充分条件"和"是充分条件不是必要条件"两种说法. 困难的是如何分清两者的界限.

例如,x 是任意实数时,$x > 0$ 则 $x^2 > 0$. 这时,对于 $x^2 > 0$,其充分条件是 $x > 0$. 但这条件不是非其不可的必要条件. 因为,$x < 0$ 时也能得到 $x^2 > 0$. 对于 $x^2 > 0$,存在的充分必要条件是 $x \neq 0$. 另一方面,$x^2 > 0$ 是 $x > 0$ 成立的必要条件,而不是充分条件.

　　不知从什么时候起,女孩子心目中的白马王子应该具有 3G(高收入、高学历和高身材). 3G 是成为新郎官的必要条件. 对于男孩子来说,这是一个悲哀的时代,想想还是过去好……

　　证明数学性质的方法有两种:演绎法和归纳法. 前者用于发现和推测某条法则或某条定理,后者更多的是用在证明上. 两种方法都十分重要,缺一不可. 在小学数学中,使用归纳法多于演绎法. 所谓归纳法,譬如证明"三角形内角和 180°",通过对各种不同三角形的实际测量和计算,得出无论何种三角形其内角和都是 180° 的结论. 与此相对应的演绎法是运用有限的公理体系和已证明的命题,从理论上推导出只要是三角形内角和就是 180°.

　　到了中学,数学推导从归纳法发展成演绎法,对这种变化许多孩子多少有一点儿不知所措. 这种困惑也正是我们所说的成长. 只是目前越来越多的孩子没法跨过这个成长"栏",应该说我们的教育方法中存在着亟待解决的问题.

第21讲 ( ),{ },[ ]
400年历史的数学三明治

据说,在16世纪以前,任何一本书中都找不到括弧( )的踪影.最初留下( )踪迹的好像是在一本代数书中,该书由旅居意大利的天文学家克拉维斯(Clavius, C.)在1608年撰写.韦达的书中出现了{ }.德国的施蒂斐(Stifel, M.)和法国的吉拉德(Girard, A.)都使用过( ).不管怎么说,在17世纪,大部分使用的是一条一条的横线.

在当时,例如 $4\{4[x-8(x-2)]x\}+1=0$ 记作

$$4\,4\,\overline{\overline{x-8\,\overline{x-2}\,x}}+1=0.$$

还有,$2(\sqrt{2}-\sqrt{3})+2(\sqrt{2}+\sqrt{3})$ 写成

$$2\,\overline{\sqrt{2}-\sqrt{3}}+2\,\overline{\sqrt{2}+\sqrt{3}}.$$

牛顿使用的也是横线.数学上,正式启用( )是在进入18世纪后.荷兰的布拉杰和德国的莱布尼兹,以及之后的约翰·伯努利(Bernolli, J.)和欧拉都起了推波助澜的作用.括弧的名称(Klammer,德语)来自欧拉.在日本,{ }是中括弧,[ ]是大括弧.而在欧美和中国却是相反.[*1]

诸位,让括号内先生先行!

( )的出现意味着混合运算的出现,并且( )内的部分享有计算的优先权.

计算 $s = 1 \div 3 \times 3$ 时，按从左往右的顺序，得到 $(1 \div 3) \times 3 = 1$. 如果是 $1 \div (3 \times 3)$，则得到 1/9. 这是两个截然不同的答案. 由这两个例子可以看出，×、÷混合运算时若没有括弧，就按从左往右的四则运算规则一步步计算.

括弧不是仅仅用于表示计算顺序，也用于证明. 灵活运用括弧能为解题提供方便.

例如，一个三位数被 3 整除的充要条件是：(个位数字)＋(十位数字)＋(百位数字)的和能被 3 整除. 只要巧妙运用括弧，就可以证明这个充分必要条件.

设三位数为 s，位于个、十、百位上的数字分别是 a、b、c，那么这个三位数写作 $s = 100a + 10b + c$.

其中，$100a$ 被 3 除，得：$100a = 33a \times 3 + a$；

$\qquad$ $10b$ 被 3 除，得：$10b = 3b \times 3 + b$；

这个三位数 s 可以写成：

$$s = 100a + 10b + c$$
$$= 33a \times 3 + a + 3b \times 3 + b + c.$$

使用括弧，整理一下，得到

$$s = 3(33a + 3b) + a + b + c.$$

显而易见，式中第一项是 3 的倍数. 因此，s 能否被 3 整除，取决于 $a + b + c$ 的和能否被 3 整除.

另一个例题是日本的初中教科书上出现的题目：

"有两个十位数，它们的十位数字相同，且个位数字的和是 10，请找出这两数相乘的规则."

巧妙地运用括弧来解答.

设两个数分别为 $10a + b$ 和 $10a + c$，得到

$$(10a + b)(10a + c) = 100a^2 + 10ac + 10ab + bc$$
$$= 100a^2 + 10a(b + c) + bc$$

$$= 100a^2 + 100a + bc \quad (b+c=10)$$
$$= 100a(a+1) + bc.$$

现在让我们找个数来验证一下：

$$36 \times 34 = 100 \times 3 \times (3+1) + 6 \times 4$$
$$= 1264.$$

在括弧( )、[ ]、{ }的发明中,最得益的是像下列求二项式的完全平方值的题目.

求 $5x - 2\sqrt{5x} - 4$ 的最小值时,即使不懂 $\sqrt{}$ 的微商,也能求出完全平方值.

$$5x - 2\sqrt{5x} - 4 = 5(x - 2\sqrt{5x}/5) - 4$$
$$= 5\{[x - 2\sqrt{5x}/5 + (\sqrt{5}/5)^2] - (\sqrt{5}/5)^2 - 4/5\}$$
$$= 5[(\sqrt{x} - \sqrt{5}/5)^2 - 1].$$

可见,当 $x = 1/5$ 时,最小值是 -5.

在实际计算过程中,能够算到{ }的几率不是很大. [ ]经常出没的地方是定积分运算.

$$\int_1^e \frac{1}{x} dx = [\ln x]_1^e = \ln e - \ln 1 = 1 - 0 = 1.^{*2}$$

还有一个让括弧发威的地方是因式分解.对刚才那题 $5x - 2\sqrt{5x} - 4$ 进行因式分解,得到

$$5x - 2\sqrt{5x} - 4 = 5[(\sqrt{x} - \sqrt{5}/5)^2 - 1]$$
$$= 5[(\sqrt{x} - \sqrt{5}/5) - 1][(\sqrt{x} - \sqrt{5}/5) + 1]$$
$$= 5[\sqrt{x} - (5 + \sqrt{5})/5][\sqrt{x} + (5 - \sqrt{5})/5].$$

通过对几个例题的实际运算,你是否心中也泛起对括弧发明者的感激之情呢? 括弧的使用范围不局限于我提到的这些,你可

以在数学王国的任何角落找到它们的踪迹. 它们的出现减轻了在证明上的苦思冥想. 括弧是数学王国的超酷偶像(冒犯了, 偶像明星们).

＊1　按照作者的建议, 本书中的大、中括弧的使用沿袭中国的习惯.

＊2　在中国, 常见的写法是: $\int_1^e \frac{1}{x}\mathrm{d}x = \ln x \big|_1^e$. 由于本章节的主角是各类括弧, 因此采用作者的定积分运算符号. 其他章节中, 有关积分的表示还是沿袭中国的惯常用法.

第 22 讲　G. C. M，L. C. M
不是 Giants，Carp 和 Marines *

G. C. M 是英语 greatest common measure 的缩略语，表示最大公约数. 相对的，L. C. M 是英语 least common measure 的缩略语，表示最小公倍数.

在整数中，能整除一个整数的数称为约数. 例如 12 的约数是 1、2、3、4、6、12.

看一下英语的数词，就会发现从 one(1)到 twelve(12)每一个数字的读法都不一样，而从 thirteen(13)、fourteen(14)……就相当有规律了. 这是因为在过去，人们把 12 看作一个单位. 到现在，一打(十二进位制)的遗风犹在. 1 英尺等于 12 英寸. 过去还有 1 先令合 12 便士(现在是 10 便士).

为什么不是 10 而是 12 呢？那时，人们认为制作不同规格的货币和砝码时，采用约数最多的数字最方便. 以 12 作为重量单位，为 1/2、1/3、1/4、1/6 等更微小的单位打下了基础. 1/12 磅等于 1 盎司的出处就在这儿(好像还有 1/16 磅合 1 盎司的换算). 与 12 相比，10 只有 2 和 5 两个约数(除 1 和 10 本身之外). 用它的话能够制定的微小单位只有 2 个. 正因为这个原因，历史上，度量衡制度和货币单位制度大多采用 12.

有两个以上的整数时，例如 12、28、48，它们所具有的相同的约数称为公约数. 这三个整数的公约数就是 4. 求解公约数的方法是质因数分解法. 用最小质数作为除数，对这个数一步一步进行除法分解.

对于 48，用 2 去除，得到 $48 = 2 \times 24$. 接着，24 再用 2 分解，得到 $24 = 2 \times 12$. 然后是 12，得到 $12 = 2 \times 6$. 最后，用 2 分解 6，得到 $6 = 2 \times 3$. 整理一下，得到 $48 = 2 \times 2 \times 2 \times 2 \times 3$.

按同样的计算方法,得到 $12 = 2 \times 2 \times 3$ 和 $28 = 2 \times 2 \times 7$. 除 1 以外,这 3 个整数的公约数是 2 和 $2 \times 2 = 4$. 其中,4 是最大的约数.它被称作 12,28 和 48 的最大公约数,记作

$$\text{G.C.M}\{12, 28, 48\} = 4.$$

想用数字表现长度(或重量)这样的量,最自然的是用标准长度测量被测物体.然后,通过标准长度与测定长度的比值来表示.如果用这个标准长度去量,最后能够正好量尽,没有剩余,那当然是最好.否则,就得再找一个既适合标准长度,又适合被测物体的共同长度.也就是说,得到这两个长度的共同的量(新单位)是一件重要的事.为了寻找这个合适的中间量,产生了辗转相除法(也称欧几里德算法),用一串有限个等式计算最大公约数.这还是公元前的事呢.

计算两个整数 2821 和 5115 的最大公约数,用质因数分解法似乎并不容易.可以采用辗转相除法来试一试.

(1) **大的数除以小的数**:

$$5115 \div 2821 = 1 \cdots\cdots 2294.$$

(2) **小的数 2821 除以余数 2294**:

$$2821 \div 2294 = 1 \cdots\cdots 527.$$

(3) **2294 除以余数 527**:

$$2294 \div 527 = 4 \cdots\cdots 186.$$

(4) **527 除以余数 186**:

$$527 \div 186 = 2 \cdots\cdots 155.$$

(5) **186 除以余数 155**:

$$186 \div 155 = 1 \cdots\cdots 31.$$

(6) $155 \div 31 = 5 \cdots\cdots 0.$　　　(瞧,除尽了吧!)

这时,这个 31 就是这两个整数的最大公约数,

$$5115 = 31 \times 165, \ 2821 = 31 \times 91.$$

31 作为两个数的共同单位,一个是它的 165 倍,另一个是它的 91 倍. 如果一本正经地用质因数分解法计算这道题,那是非常费时间的.

除了约数,还存在整数的倍数,就是 2 倍、3 倍……这样的数.

10 和 12 的公倍数是指一个数既是 10 的倍数,也是 12 的倍数. 求 10 和 12 的公倍数,最简单的方法是 $12 \times 10 = 1200$. 但这个 1200 不是公倍数中最小的一个. 公倍数中最小的当然称为最小公倍数,10 和 12 的最小公倍数是 60,记作:

$$\text{L. C. M}\{10, \ 12\} = 60.$$

计算最小公倍数的方法也是质因数分解法.

$$10 = 2 \times 5, \ 12 = 2 \times 2 \times 3.$$

2 和 5 是 10 的质因数,2、2 和 3 是 12 的质因数. 这些质因数中舍去重复的部分,重新组合后,得到共同的倍数 $2 \times 2 \times 3 \times 5 = 60$.

L. C. M 活跃在分数通分中. 通俗地讲,通分是指把分母化成相同的数. 或者说,把两个分数化成具有相同单位的分数. 找到一个相同单位后,将各个分数换算成含有这个相同单位的新分数,就能进行加减运算了. 这就是寻求分母的公倍数(公分母)的意义.

计算 $1/10 + 1/12$ 时,必须找到这两个分数都适用的相同单位. 分母 10 和 12 的 L. C. M 是 60,那么这个新单位就是 $1/60$.

$1/10$ 是 6 个 $1/60$,$1/12$ 是 5 个 $1/60$.

因此,加法运算是:

$$1/10 + 1/12 = 6 \times (1/60) + 5 \times (1/60)$$
$$= (6 + 5) \times (1/60)$$
$$= 11/60.$$

在没有方便易懂的数字和记数法的古代至中世纪,人们认为分数的加减运算是一件不可能做到的事. 只要理解通分的意义和作用,就可以避免 1/2＋2/3＝3/5 这种可笑的错误,而且对于熟记已建立的程序式的算法也不再感到枯燥乏味了.

除了数,整式上也可以使用质因式分解法,以及 G. C. M 和 L. C. M. 在这基础上,诞生了因式分解.

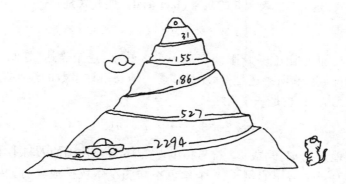

---

* 这三个单词都是日本著名棒球队的名称.

第 23 讲　$!$，C_n^m，P_n^m
瞬间长大的数字

　　行驶在绿树成荫的盘山公路上，常常会看到"注意狗熊！"等各种警示牌．在文学上，！是抒发强烈情感的符号；在数学上，！是阶乘的符号．当然，它也是不能单独使用的．比如，写成

$$5!$$

的形式．这儿 $5!$ 表示 5 的阶乘（factorial），展开式是：

$$5! = 1 \times 2 \times 3 \times 4 \times 5 = 120.$$

　　与加法相比，一眨眼间变成一个大数字，这个表达"惊叹"意义的符号！和阶乘还是蛮般配的．逐一地写下许多数的连乘是十分费劲的，！也是一个省略号．

$$1 \times 2 \times 3 \times \cdots \times n = n!,$$

有些地方把 $n!$ 写成 L_n．符号！出现在 1808 年法国的教科书中．

　　有一个常用的例子，5 个颜色不同的小木块排成一行，共有 $5!$ 种排法．那么，怎么排呢？先决定带队的，5 种颜色就有 5 个不同的带队的．决定了一个带队的，还剩 4 个．这 4 个跟在带队的后面有 4 种排法．于是，对这 5 个带队的来说就有 $5 \cdot 4$ 种排法．以此类推，得到全部的排法是 $5 \cdot 4 \cdot 3 \cdot 2 \cdot 1 = 5!$ 种．这是用来说明 $n!$ 出现的一个实例．

　　惊叹的"啊"的一瞬间，$n!$ 又增大了．令人感兴趣的是它到底能增到多大呢？当 n 充分大时，$n!$ 的值近似于下述的斯特林公式．斯特林（Stirling, J.）是

18 世纪的英国数学家.

$$n! \approx \sqrt{2\pi n}\left(\frac{n}{e}\right)^n \quad (\pi \text{ 是圆周率}, e = 2.71828\cdots).$$

还有一种说法,认为这个公式是研究概率论并著有《机会的学说》(1718 年)的德·莫弗先提出的.

参照木块排对游戏,从 n 个中间只取出 m 个排成一行,排到第 m 个为止,有 $n \cdot (n-1) \cdot (n-2)\cdots(n-m+1)$ 种排法.这称为排列(permutation),用 P_n^m 表示,写作:

$$P_n^m = n \cdot (n-1) \cdot (n-2)\cdots(n-m+1).$$

让我们再做一道趣味题.从 4 种水果{苹果,草莓,橘子,猕猴桃}中挑出 3 种配成一个水果礼篮作为礼物,可以有几种配法呢?

(1) 在水果礼篮中先放入苹果,剩下草莓、橘子和猕猴桃,两个两个一组有 3 种搭配方法.如果,放入草莓,剩下的橘子和猕猴桃有 2 种搭配方法.以苹果为主人,其余 3 种分别与其搭配,有 3×2 种方法.当然,其中包含了相同的搭配.

(2) 现在先放入草莓,其做法和(1)是相同的,有 3×2 种.

(3) 结合(1)和(2)的做法,全部 4 种水果,共有 $4 \times (3 \times 2) = 24 (= 4 \times 3 \times 2 \times 1 = 4!)$ 种.

(4) 现在,必须考虑到这些方法中夹杂着相同的搭配,我们得剔除重复的部分.

就拿与"苹果"配对三个一组来说,除了有{苹果,草莓,橘子}一组,还有{苹果,橘子,草莓}的组合.因此,一开始挑"苹果"做主人时就形成 2 次重复.同样地,先挑"草莓"时也会有 2 次重复.那么,最初挑"橘子"做主人时,也免不了 2 次重复.得到的重复是 $3 \times 2 = 3 \times 2 \times 1 = 3!$ 种.从整体来说,不含重复的搭配是:$4! / 3! = 4$ 种.

　　这种不管顺序先后合并成一组的方法,称为组合,用 C_4^3 来表示,写成 $C_4^3 = 4$.

　　通常情况下,从 n 个不同的元素中,每次取出 m 个不同的元素,合并成一组,其组合种数的总称用符号 C_n^m 表示(这儿 C 来自英语的组合 combination),记作

$$C_n^m = \frac{n!}{m!(n-m)!}.$$

　　其中,存在 $C_n^0 = 1$,也存在 $0! = 1$. 从 n 个中取出 m 个和从 n 个中取出 $(n-m)$ 个其总数是相同的,得到

$$C_n^m = C_n^{n-m}.$$

　　有史以来,研究组合种数的人不计其数. 1634 年,法国的赫里贡在他的《实用算术》中对 C_n^m 下了个明确的定义. 但是,为组合和排列打下扎实基础的还是莱布尼兹. 最后,概率论对组合理论的进一步发展起了决定性作用.

　　C_n^m 还可以作为一个系数,出现在二项式定理中,称为二项系数.

$$(a+b)^n = a^n + na^{n-1}b + C_n^2 a^{n-2}b^2 + \cdots$$
$$+ C_n^m a^{n-m}b^m + \cdots$$
$$+ nab^{n-1} + b^n. \qquad \text{(二项式定理)}$$

早在 10 世纪就普遍使用这个公式了.

　　值得一提的是,在公元前 2 世纪的印度,曾出现过下列式子,它代表二项式定理的特殊情形.

$$2^n = (1+1)^n = 1 + n + C_n^2 + \cdots$$
$$+ C_n^m + \cdots + n + 1$$
$$= C_n^0 + C_n^1 + \cdots + C_n^m + \cdots$$
$$+ C_n^{n-1} + C_n^n.$$

不愧为擅长数字计算的印度啊!

　　帕斯卡(Pascal, B.)用帕斯卡三角形[*2]的图来表示二项系数.这个图的出现为计算提供了方便.

$(a+b)^0 = 1$;

$(a+b)^1 = 1a + 1b$;

$(a+b)^2 = a^2 + 2ab + b^2$;

$(a+b)^3 = a^3 + 3ab^2 + 3a^2b + b^3$;

$(a+b)^4 = a^4 + 4ab^3 + 6a^2b^2 + 4a^3b + b^4$.

```
              1
           1     1
        1     2     1
     1     3     3     1
  1     4     6     4
```
帕斯卡三角形

　　由此,可以得到二项系数的一般表达式:

$$C_n^m = C_{n-1}^{m-1} + C_{n-1}^m.$$

　　最早有文字记载的这个三角形出现在 16 世纪德国天文学及数学家阿皮安努斯(Apianus, P.)的算术书中.帕斯卡对此的研究是在阿皮安努斯之后的 1 个世纪.帕斯卡是 17 世纪的法国人,他在十几岁时,就能证明不少数学定理了.

　　研究排列的瑞士人雅各·伯努利(Bernoulli, Jacob)证明了 n 是自然数时的二项式定理.二项式定理也被称为牛顿二项式.为什么要给它冠以"牛顿"的大名呢? 千万别以为这是名人效应,那是因为牛顿考虑到在 n 是负数、有理数或无理数的条件下,二项式定理也能成立.当 n 是自然数与 n 是负数时,其结果是截然不同的.这也正是数学的奇妙.如果 n 是负数,二项式定理的展开式就不再是有限个数的和,而变成了无限级数(无限个数的和).

$$(1+a)^{-1} = 1 - a + a^2 - a^3 + a^4 - a^5 + \cdots.$$

　　一般地,对于任意实数 r,有:

$$(1+a)^r = 1 + ra + \frac{r(r-1)}{2!}a^2 + \frac{r(r-1)(r-2)}{3!}a^3$$

$$+ \frac{r(r-1)(r-2)(r-3)}{4!}a^4 + \cdots.$$

伴随着微积分学的发展,泰勒级数和傅立叶级数等的出现,无限级数的理论成为解析学不可或缺的工具.

---

*1　原著中作者采用排列、组合的另一种表达形式 $_nP_m$ 和 $_nC_m$.

*2　中国北宋数学家贾宪(约 1050 年)首先发现系数三角形的.南宋数学家杨辉在《详解九章算法》(1261 年)一书中对此曾有记载.有人称之为"贾宪三角形"或"杨辉三角形"(详见吴文俊主编的《中国数学史大系》第五卷,北京师范大学出版社).法国数学家帕斯卡在 1654 年也发现这个三角形,故西方称之为帕斯卡三角形(Pascal Triangle).

第 24 讲　$P(A)$，$E(X)$
赌博上的数学

$P(A)$ 和 $E(X)$ 这两个是概率的符号.

是去肯德基还是去麦当劳？犹豫不决的时候，让我们抛一块100日元的硬币来决定. 我们没有办法预料最后硬币是停在正面还是背面. 一般我们把出现正面的情况记作 A（在概率上，习惯把这个出现正面的情况称为事件 A）. 并且，将每投一次硬币时事件 A 发生的概率记作 $P(A)$. P 来自法语的概率（Probabilité），A 来自偶然事件（Accident）. 概率是一次行为中，特定的事件 A 出现的次数与可能发生的各种情况的总次数之比，即

（事件 A 出现的次数）／（一次行为下发生情况的总数）.

抛掷一次硬币以后，会出现的情况只有硬币停在正面或背面这两种，其中出现 A（正面）的场合只有一次，记作

$$P(A) = \frac{1}{2}.$$

在瑞士，有一个伯努利数学家族. 他们中的一员，雅各·伯努利在研究组合时，证明了概率论中最基本、最重要的伯努利定理（记载在他死后，1713 年出版的《预测的技巧》中）.

"假设在一次非任意的试验中事件 A 出现的概率为 P，如果在相同条件下进行 n 次重复的试验后，事件 A 出现了 m 次，那么，当 n 足够大时，就可以用 $\frac{m}{n}$ 的值近似地表示该事件的概

率 P ．"

这是被称为大数法则的特殊情形．

这个定理之所以重要在于预先不知道一个事件的概率时，可以用根据实际经验得到的概率来替代使用．

例如，交通事故的死亡状况，这是一个事先很难预测的发生率．但是根据以往的数据，凭经验能够得出一个经验概率 m/n．在日常生活中，保险公司统计过去发生事故的总次数，按（事故件数）÷（投保客户总数）＝事故率的公式，计算出未来可能发生的事故率，制定出既维护投保人权益又不影响保险公司经营的保险费．

由于经济不景气的缘故，想靠中彩票来改善生活的人愈来愈多．一张彩票 300 日元，算算也就一碗普通乌冬面的价格，吸引了众多顾客．最后，后悔地说还不如买碗面吃的人应该也为数不少吧．这时，买彩票的人最想知道的是一张彩票的中奖金额究竟有多大？让我们来计算一下一张彩票的平均中奖金额．在概率论上，它有一个形象化的名称：数学期望（简称期望值）．

假设售出 100 万张彩票，其中一等奖 5000 万 1 个、二等奖 500 万 2 个、三等奖 100 万 10 个、四等奖 1 万 1000 个和 1000 日元的五等奖 1 万个．一等奖的中奖几率是 100 万张中的一张，即 $1/10^6$．100 万张彩票分摊这一等奖 5000 万日元，每张是 5000 万 $\times(1/10^6)$．以此类推，二等奖以下依次是：500 万 $\times(2/10^6)$、100 万 $\times(10/10^6)$、1 万 $\times(1000/10^6)$、1000 $\times(10000/10^6)$．一张彩票可以分摊到的奖金总额是：

$$5000 万 \times (1/10^6) + 500 万 \times (2/10^6) + 100 万$$
$$\times (10/10^6) + 1 万 \times (1000/10^6)$$
$$+ 1000 \times (10000/10^6)$$
$$= 50 + 10 + 10 + 10 + 10 = 90 日元．$$

瞧，一张彩票能够分摊到的奖金总额也就 90 日元．想想一张彩票 300 日元，不贵不贵．但仔细一算，看来，买的人也不占便宜．怎么样,计算一下售出彩票总数中一张彩票实际可以分摊到的中奖金额(期望值)还是十分有意思的吧.不过,话说回来,通过这个例子,我们学会了如何计算较接近的期望值.然而,事实上人的烦恼是没有止境的,他会感到每次去计算期望值,就会失去冒险的乐趣.总体来说,能够做到适可而止的人才是赢家.吃饭防噎,走路防跌,期望值——有备无患.

概率论上,用 E 表示期望值(expectation).在这个关于彩票的例子中,$E = 90$.

在 $E(X)$中,X 称为随机变量.取值随偶然因素而变化的变量用 X 表示.随机变量 X 的取值为 x_1，x_2，x_3，$\cdots$，x_n，相应的概率为 p_1，p_2，p_3，$\cdots$，p_n，X 的期望值为

$$E(X) = x_1 p_1 + x_2 p_2 + x_3 p_3 + \cdots + x_n p_n.$$

被誉为牛顿的先驱的荷兰物理学家惠更斯(Huygens, C.)建立了期望值这个概念.他在 1657 年所著的《掷骰子游戏的计算》中提到了这个概念(书名因译者不同而不同,也有译作《关于赌博的计算》).这是最早一本用概率论来论述像掷骰子这类受偶然性因素支配的游戏的书.大家一致公认它是一本最容易理解的概率论教科书.

不管是在哪个年代,赌博都不会过时.在 16～17 世纪的上流社会、封建郡主和贵族阶层中流行着骰子赌.为此还流传着这么一段佳话.法国上流社会的骑士们就骰子游戏提出了一大堆问题,然后,写成信寄给了帕斯卡.其中,有这样一道题目:两位赌家在胜率相同的情况下,先赢三次的一方为胜者,但是在一方先赢两次的情况下赌局因故不能继续下去了,这时,赌金该怎样分配?围绕着这样的问题,帕斯卡和费马之间展开了书信往来.

相传惠更斯在法国留学时,对帕斯卡他们正在讨论的问题产生了浓厚的兴趣.他接受了"同时掷 3 个骰子,点数和是 11 点与点数和是 12 点哪个更容易出现"这个问题.根据赌家的经验,11

点比 12 点更容易出现. 经验归经验, 最后, 对这个问题的数学意义上的解答正是来自于惠更斯. 据说是为了研究赌博引起的数学问题, 才促进了概率论的发展.

第 Ⅱ 部

大学的数学文化、集合

第 25 讲　sinh，cosh，tanh
符号的兄弟情义

sinh，cosh，tanh 和变量 x 一起写成 $\sinh x$，$\cosh x$，$\tanh x$.
它们分别读作双曲正弦、双曲余弦和双曲正切，总称双曲函数. 英语 hyperbolic 解释为"双曲的".

双曲函数也是由指数函数 e^x 和 e^{-x} 构成的一种初等函数，它们是：

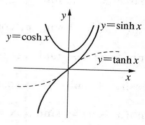

$$\sinh x = (e^x - e^{-x})/2,$$

$$\cosh x = (e^x + e^{-x})/2,$$

$$\tanh x = \sinh x/\cosh x$$
$$= (e^x - e^{-x})/(e^x + e^{-x}).$$

由这 3 个等式得到

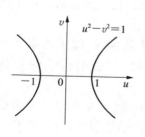

$$\cosh^2 x - \sinh^2 x = 1.$$

设 $u = \cosh x$，$v = \sinh x$，则

$$u^2 - v^2 = 1.$$

这是一个双曲线的关系式.

现在，建立一个 (u, v) 坐标，把 x 看成参量，$(\cosh x, \sinh x)$ 是该双曲线的坐标. 恰巧类似于 $(\cos x, \sin x)$ 表示单位圆上的坐标. 这一点被认为是"双曲"这个称呼的由来，也是其符号与三角函数符号 sin，cos 相近的理由. 在 18 世纪，对圆 $x^2 + y^2 = 1$ 和双曲线 $x^2 - y^2 = 1$ 的坐标进行比较时，发现了双曲函数.

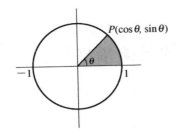 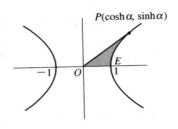

（圆心角是 θ，得到扇形的面积是 $\theta/2$）　　（α 是使 OEP 的面积等于 $\alpha/2$ 的参量）

双曲函数还具有与三角函数相似的基本关系和公式：

$\cosh x \geqslant 1$，$|\tanh x| \leqslant 1$，

$\sinh(-x) = -\sinh x$，$\cosh(-x) = \cosh x$，

$\tanh(-x) = -\tanh x$，

$(\cosh x + \sinh x)^n = \cosh nx + \sinh nx$　（对应德·莫弗公式），

$\sinh(x + y) = \sinh x \cosh y + \sinh y \cosh x$，

$\cosh(x + y) = \cosh x \cosh y + \sinh x \sinh y.$

由图形知道，$y = \cosh x$ 是一条常常出现在我们身边的曲线.

比如，孩子们单人跳绳时，绳子的摆动形状；女士们佩带项链时，项链的优美的弧状等等.

18 世纪，德国的朗伯引入了与三角函数相近的符号作为双曲函数的符号，并努力普及双曲函数的使用. 如果朗伯再往前迈一步，将双曲函数引入几何学中，把它作为三角形内角和小于 180°的非欧几何（也称双曲几何学）中三角学的主力军，那么他的成就会更引人注目. 无论是历史作弄人，还是学问神灵的作怪，毕竟这是一件神奇的事.

　　英国的德·莫弗在研究圆的扇形面积和直角双曲线的扇形面积的关系时,也和双曲函数的发现失之交臂. 双曲函数上的成就几乎全归功于后来的意大利人小黎卡提(Riccati, V.),他是以微分方程出名的雅各布·黎卡提(Riccati, J. F.)的儿子.

第 26 讲 $=$, $\backsim$, $\equiv$
看似相同,其实不同

$=$ 是等号,表示写在它两侧的内容是完全相等的.

如"2+3 等于 5"这样,仅仅为了表示计算结果的,不使用 $=$ 也没关系.但是,在方程的表现或式子的等式变换等需要一步一步演算的情况下, $=$ 是必不可少的.然而,在符号代数开始盛行的中世纪以前,这个符号确实是无足轻重的.

使用 $=$ 的是英国医生雷考德,在他的著作《智慧的砥石》(1557 年)中, $=$ 首次亮相.雷考德使用这个 $=$ 符号是因为他认为

"在这个世界上,很难找到两条平行线似的完美的相等了……"

这个符号应该是平行线符号的转化.当时,雷考德所写的等号符号要比现在的长.不幸的是,自 $=$ 首次登场之后的 60 年间,直到 1618 年爱德华·赖特编写对数的注释书(纳皮尔发明了对数)为止,据说这个符号如同被遗忘的角落没被光顾过.17 世纪后半叶,发明了微积分的沃利斯、巴罗、牛顿等人虽然开始使用这个符号,但是在欧洲大陆,表示相等所使用的是其单词的缩略语形式 aeq. (aequles),而符号 $=$ 却被挪作了他用.又过了一段时间,笛卡尔和莱布尼兹等人对 $=$ 的青睐,使 $=$ 一夜走红.

$=$ 意味着在它两侧所写的内容是相同的.在数学上对"相同"的要求是苛刻的,它必须具备以下性质:

(1) $A=A$;

(2) 若 $A=B$,则 $B=A$;

(3) 如果 $A=B$, $B=C$,那么 $A=C$.

这 3 个性质依次称为:(1) 自反性;(2) 对称性;(3) 传递性.

通常,在数字或数学式子中,用 $=$ 表示"相同的".除此之外,

根据所使用的数学对象不同，它也可以作为这样那样的固定符号而存在．无论是何种情况，前提条件都是必须符合性质(1)～(3)．

实际上，现在把满足性质(1)～(3)的关系称为等价关系．

譬如，～、∽、≡之类的和＝一样是等价关系的一种具体表现．

它们是各自不同的符号，它们所处理的对象，数字也好，式子也好，都是不同的．具有等价关系的两个对象被看作相同的，这种思维方法开创了一种新的数学．

～是一种常用的符号，在不同的场合，它可以代表不同的意义．它也是表示等值关系符号中的一员．

在平面上，取 O 为原点，过点 O 引两条互相垂直的直线，平面上所有的点是由其在两条直线上的位置 x 和 y 来确定的．这一组有序数称为该点的坐标．莱布尼兹把横坐标和纵坐标(ordinate)统一起来称为坐标(co-ordinate)．流传到日本时，藤泽利喜太郎(Fujizawa, R.)译成坐标．昭和初期，写成"座標"．在多数情况下，使用希腊字母 (α, β, γ) 表示平面．然而，当在数的意义上表现时，写成 R^2 这也是个常见的符号．用集合的符号(详见关于集合的章节)表示一个平面时，写成

$$R^2 = \{(x, y) \mid x, y \text{ 是任意实数}\}.$$

现在，在上述平面上的点之间引入下列"～"关系：

对于平面上的两点 $P(p_1, p_2)$ 和 $Q(q_1, q_2)$，当 $p_1 - q_1 =$ 整数，且 $p_2 - q_2 =$ 整数时，得到 $P \sim Q$．
这儿，$P \sim Q$ 是指"点 P 和点 Q 是等价的"．

事实上，这时的这个"～"关系满足了前面所说的性质(1)～(3)：

(1) $P \sim P$；

(2) $P \sim Q$ 则 $Q \sim P$；

(3) $P \sim Q$ 且 $Q \sim T$，则 $P \sim T$．

让我们来证明一下．$p_1 - p_1 = 0$，$p_2 - p_2 = 0$，因为差是整

数,证明第 1 个性质成立. 由 $p_1-q_1=$ 整数(设差$=m$),$p_2-q_2=$ 整数(设差$=n$),得到 $q_1-p_1=-m$ 和 $q_2-p_2=-n$,其结果也是整数. 可见,第 2 个性质也成立. 至于第 3 个性质,就麻烦读者帮我来证实一下.

$P(2,3)$ 和 $Q(-4,7)$ 是等价的,但 $P(2,3)$ 和 $T(5,0.6)$ 就不是等价的. 现在,用符号 $C(P)$ 或 $[P]$ 来表示与点 P 等价的点的全体,称为点 P 的等价类(equivalence class). $C(P)$ 中的 C 是 class 这个英文名字的首写字母.

平面 R^2 上的点看成是等价类的集中,把 $C(P)$ 作为新的一点来考虑,这个数学对象记作 $R^2/\sim$. 用集合的方式表示,写成

$$R^2/\sim = \{C(P) \mid P \text{ 是平面上的点}\}.$$

那么,这个新的数学对象 $R^2/\sim$ 又代表什么呢?

它被称为环形图纹曲面. 你可以把它想象成任何环状物体的表面,例如甜甜圈的表面.

运用这种方法,能够创造出新的数学对象. 相反的,像面包圈表面那样的东西也能通过这种方法赋予其数学表现,而成为数学对象.

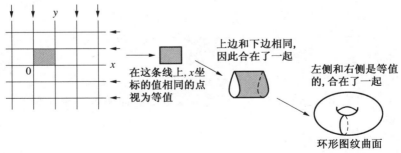

在这条线上,y坐标的值相同的点视为等值

在这条线上,x坐标的值相同的点视为等值

上边和下边相同,因此合在了一起

左侧和右侧是等值的,合在了一起

环形图纹曲面

过去,～曾作为等号或表示两个图形相似的符号. 现在,用来表示相似的符号是∽. 当初,莱布尼兹用～表示相似,～和＝组合在一起代表"相似且相等",而≃则是作为全等的符号来使用. 由

于极少有人使用，到了 18 世纪后半叶出现了～和＝的直接组合≌，取代了∽．经过再次演变，形成了今天的全等符号≡．好像是匈牙利的波尔约第一个使用了≡．另一方面，德国的黎曼在《椭圆函数论》(1899 年)中用≡表示恒等式．现在，≡使用在几何对象和代数对象两方面．

譬如，两个三角形△ABC 和△EFG 重合在一起时，大小正好相等．这就是几何学上的全等≡所表达的意思．记作 △ABC ≡ △EFG．

全等≡符号在代数学上的使用如下所述：

有两个整数 m 和 n，写成 $m \equiv n(7)$时，表示 $m-n$ 能被 7 整除．换句话说，m 和 n 分别除以 7 时，它们的余数是相同的．这时的≡也满足性质(1)～(3)．因此，只要除以 7 后余数都相等，那么这些被除数被看作相同的．

通常，在代数上，使用＝是没有必要加上注解的．除＝以外，在使用诸如≡之类的符号时，几乎都需要加上注解．

数学符号的使用避免了冗长的文字表达．这些省时省力的数学符号也有各自的独立性．即使是同一个符号，根据使用对象的不同，它所代表的意义也不相同．

第 27 讲　≤ (≦、⩽)，＜
数学不平等起源论

≤ 是表示大小的符号. ≤ 和 ＜ 一样都是表示左侧比右侧小，唯一的区别在于，＜ 是不包括这两侧本身相等的.

16 世纪，英国数学家哈里奥特 (Harriot，T.) 是当时方程式理论的教员之一. 在他逝世 10 年之后出版的《解析术解答》(1631 年) 中出现了 ＜ 和 ＞.

哈里奥特之后的 1 个世纪、在 1734 年，法国的土地测量学家波佳在他的书中使用了 ≤.

在某些娱乐场所，譬如电影院门口，竖立着这样一块牌子：17 岁以下的不准入场；或者，不满 18 岁的不许入场. 18 岁的小 A 能入场，但 17 岁的小 B 却不能入场. 怎么办呢？弄一身大学生打扮，装模作样地混进电影院，这往往成为高中大男生的暗自得意之作. 这儿，$18 \leqslant x$ 就是对入场者年龄 x 岁的一个限制. 这有没有 ＝，所限制的范围是截然不同的.

对于任意实数 x，$x^2 \geqslant 0$ 和 $x^2 + 1 > 0$ 这两个不等式都成立. 在初中数学中，这两个不等式是说明实数性质的常例. 后面的不等式没有带上 ＝. 在二次不等式中，存在的主要问题就是它是 ≥，还是 ＞.

解析学 (研究微积分和微分方程的学科) 也被称为不等式的学问. 这是因为它有许多理论和方法是建立在分析不等式的基础之上. 在高等数学的第一部分中，为了说明连续性的定义，$\varepsilon - \delta$ 语言、数列和级数的收敛性等先后热闹登场，它们中哪一个都离不开不等式.

初中和高中时代所熟悉的不等式中，有一个关于相加平均 $(a+b)/2$ 和相乘平均 $\sqrt{ab}$ 的不等式，它是

$$\frac{a+b}{2} \geqslant \sqrt{ab}.$$

这个不等式说明在周长为定数的长方形中，面积最大的内接多边形是正方形。这是一道＝在不等式中发挥妙处的最佳例题。

还有一个是我们经常使用的与矢量 $a = (x_1, y_1, z_1)$ 和 $b = (x_2, y_2, z_2)$ 内积有关的不等式，也就是柯西–施瓦兹（Schwarz, H. A.）不等式

$$(x_1x_2 + y_1y_2 + z_1z_2)^2 \leqslant (x_1^2 + y_1^2 + z_1^2)(x_2^2 + y_2^2 + z_2^2).$$

这个不等式是日本高考必考的。不等式左边的（　）内表示的是 a 和 b 的内积，记作 $a \cdot b$，右边则是矢量 a 和矢量 b 的长度的平方积，即

$$a \cdot b = x_1x_2 + y_1y_2 + z_1z_2,$$

$$a \text{ 的长度} = \sqrt{x_1^2 + y_1^2 + z_1^2},$$

$$b \text{ 的长度} = \sqrt{x_2^2 + y_2^2 + z_2^2}.$$

这个不等式的重要性在于，当

$$\frac{|x_1x_2 + y_1y_2 + z_1z_2|}{\sqrt{x_1^2 + y_1^2 + z_1^2}\sqrt{x_2^2 + y_2^2 + z_2^2}} \leqslant 1$$

时，能够定义两矢量 a 和 b 的夹角，

$$\cos\theta = \frac{x_1x_2 + y_1y_2 + z_1z_2}{\sqrt{x_1^2 + y_1^2 + z_1^2}\sqrt{x_2^2 + y_2^2 + z_2^2}}.$$

最后的这个等式不仅在几何学上能够被证明，而且作为两矢量的内积公式 $a \cdot b = (a \text{ 的长度})(b \text{ 的长度})\cos\theta$ 的形式，为人们所熟悉。但是，由于不能凭几何上的直觉来定义一个公式，只能采用上述的推导来定义两矢量的夹角。

那么，在单纯地讨论两个数的场合下，例如 2 和 3，很明显的 2 比 3 小，记作 2<3。通常我们采用 a 和 b 来表示两个任意的数，那

么 $a < b$、$a = b$ 和 $a > b$ 三者之中必有其一.

如果使用不等号仅仅是为了比较大小,那么数的本身就能说

明一切,特意地加上不等号似乎有点儿画蛇添足.不等号的重要性在于它具有演算的本领,只有在计算过程中才能体现出它的威力.

例如,在不等式 $2 < 3$ 的两边同时乘上 -1,得到

$-2 > -3$.当把 $2 < 3$ 和 $a < b$ 分别相加时则有 $a + 2 < b + 3$.

在刚开始学习负数时,初中生最容易搞错的是

$$a > b \text{ 且 } c > d \text{ 时}, a - c > b - d.$$

以及,乘上一个负数:

$$a > b \text{ 且 } c < 0, \text{则 } a \cdot c < b \cdot c.$$

如果我们着眼于数(实数)的大小($\leqslant$)时,下列性质成立:

(1) $a \leqslant a$;

(2) 当 $a \leqslant b$ 和 $b \leqslant a$ 同时成立时,有 $a = b$;

(3) $a \leqslant b$ 且 $b \leqslant c$,则 $a \leqslant c$.

这儿我要补充一点,具有这些性质的并不局限于比较大小(譬如数)的范围.

一般地,在两个元素 a 和 b 之间,如果存在着能使(1)、(2)、(3)成立的关系,那么这种关系称为"次序".更进一步地说,在 a 和 b 之间,$a \leqslant b$ 或 $a \geqslant b$ 中总有一个是成立的情况,称为"全次序".

符号 $\leqslant$ 不但使用在比较大小上,而且也使用在次序上.

现在把小狗、小猫和小鸡放在一起,会有以下几种情况:

$A = \{\text{小狗}\}$, $\quad\quad$ $B = \{\text{小猫}\}$, $\quad\quad$ $C = \{\text{小鸡}\}$,

$D = \{\text{小狗, 小猫}\}$, $\quad$ $E = \{\text{小狗, 小鸡}\}$, $\quad$ $F = \{\text{小猫, 小鸡}\}$,

$G=\{$小狗，小猫，小鸡$\}$.

这时，对 $X=\{A,B,C,D,E,F,G\}$ 按照下列方法来思考次序.

把 A 和 D 比较一下，可以看到 A 里的元素全部包含在 D 中. 这种情况下，写成 $A\leqslant D$. 很容易证明这个 $\leqslant$ 满足(1)(2)(3)(请你们试一试).

再来比较一下 A 和 C，$A\leqslant C$ 和 $A\geqslant C$ 都不存在. 因此，这个次序不能被称为全次序. 也就是说，能够从次序的角度来思考，但是，不一定都能得到次序. 人的价值也和这个相似. 单凭考试成绩是不能判断一个人的价值的.

对于实数，存在大小关系和次序关系一致的特殊情况. 在对数的理解和计算上，这一点可以助你一臂之力. 记得在小学，老师让我们一边按顺序数数，一边学习加减法. 这是因为数存在序数(表示次序的数)和基数(表示事物个数的数)两种表达方法.

第28讲 ⊂, ⊆
数学的传说从这儿开始

　　⊂是表示"包含"以及"包含于"这种两个集合之间的关系的数学符号,它通过形状来表示集合的关系.

　　所谓集合是指把成为数学对象的东西集中起来. 不过,有必要的是判断某个对象是否属于这个集合. 在数学上,像"美人云集"这类以主观诱因为主的东西不能被看成是一个集合.

　　有两个集合 A 和 B,A 包含于 B 时,记作 $A \subset B$. 这样的两个集合之间的关系称为包含关系.

　　譬如,把日本所有的两轮车写成集合 B,把日本的人力车(黄包车)的集合记作 A,那么就得到 $A \subset B$(因为人力车不是三轮车).

　　像这个例子,在真正是小的情况下,小的一方为大的一方的真子集. 倘若要强调真子集,就写成 $A \subsetneqq B$.

　　另一方面,对于两个集合,明确知道其中有一方是小的,但没法明确它是否是真正的小时,可以使用符号 ⊆ 和 ⊇.

　　譬如,A 作为两边相等的三角形(等腰三角形)的集合,B 作为两角相等的三角形的集合,运用初中时所学的定理"等腰三角形的底角相等",得到 $A \subset B$. 在这种情况下,当无法判断 A 是否是真正的小时,写成 $A \subseteq B$ 可以说是万无一失. 实际上,这条定理的逆定理也成立,所以 $A \supseteq B$ 也成立. 这时,由于 $A \subseteq B$ 和 $A \supseteq B$ 同时成立,便得到 $A = B$.

　　表示两个集合相等时,只要表示出上述的 $A \subseteq B$ 和 $A \supseteq B$ 同时成立就可以了.

用于集合上的这类符号大部分出自于 19 世纪的意大利数学家皮亚诺(Peano, G.).

集合概念的发展开始于 19 世纪的康托,集合是个相当近代的概念.只要想到数学是以集合为基础,并且对集合所具有的构造及其相关性进行研究这一点,掌握它就不是件难事了.从这点出发,出现了打算全面重写数学的团体,那就是法国的布尔巴基(Bourbaki,一个由多数数学家组成的团体).受布尔巴基的影响,也从这点出发,发起了一场重新考虑学校数学教育的运动,只是进展并不顺利.其实,对于数学概念尚未成熟的小孩来说,对集合这种具有一般性的、抽象性的领会方法是很难理解的.考虑到孩子们的成长,这应该是没有必要的吧.

第 29 讲 ∪, ∩
女歌手的交集

这是讨论集合的时候所使用的具有运算性质的符号.

太郎喜欢的女歌手的集合记作 A, 一郎喜欢的女歌手的集合记作 B.

这时, 太郎和一郎共同喜欢的女歌手的集合用 $A \cap B$ 表示, 称为 A 和 B 的交集 (intersection). 另一方面, 太郎和一郎各自喜欢的女歌手合在一起, 组成一个集合, 用 $A \cup B$ 表示, 称为 A 和 B 的并集. ∪ 是合并(union)的英语单词的首写字母.

英国的德·摩根(De Morgan, A.)证明了这两种运算所具有的性质.

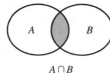
$A \cap B$

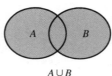
$A \cup B$

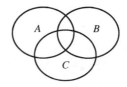

德·摩根法则:

(1) $A \cap (B \cup C) = (A \cap B) \cup (A \cap C)$;

(2) $A \cup (B \cap C) = (A \cup B) \cap (A \cup C)$.

如果把 ∩ 看作 ×(乘法), ∪ 看作 +(加法), (1)具有下列含义. 就是说, 具有满足普通乘法和加法的性质(分配律).

$$A \times (B + C) = (A \times B) + (A \times C).$$

因此, ∩ 也叫连接、交合或者积, ∪ 也叫合并或者和. 但是, 由(2)得到的是

$$A + (B \times C) = (A + B) \times (A + C).$$

可见,还是与普通意义上的乘法和加法有不同之处.

当然,也存在 A 和 B 不交合的情况.这儿是指没有太郎和一郎共同喜欢的女歌手,记作 $A \cap B = \varnothing$. $\varnothing$ 表示不含任何东西的集合,称为空集.

$A \cap \varnothing = \varnothing, A \cup \varnothing = A$.

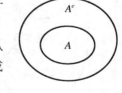

$A \cap B = \phi$

$\varnothing$ 刚好扮演了数字 0(零)似的角色.

除此以外,还能定义被称为差的集合运算,用符号—表示.

$A - B$ 表示的是包含于 A,但不包含于 B 的元素的集合.

$A - B$

它指的是从太郎喜欢的女歌手中除去一郎喜欢的女歌手后,剩下的女歌手的集合.请记住,在集合运算中,$B - (B - A) = A$ 是不正确的.不能完全像普通的减法那样进行运算.

全部的女歌手用 X 表示的话,既有 $A \subset X$,也有 $B \subset X$,那么,$X - A$ 表示为 A^{c*},称为 A 的补集.用它表示去掉太郎喜欢的女歌手后,剩下的全部女歌手.从其意思上看,可以得到 $(A^c)^c = A$.

现在,来看一下直接积 $A \times B$,它不同于 A 和 B 的连接($\cap$).

它指的是从 A 中取出一个元素 x,也从 B 中取出一个元素 y,由这一对 (x, y) 组成的集合.集合意义上写成

$A \times B = \{(x, y) \mid x$ 是 A 的元素, y 是 B 的元素$\}$.

它被用来表示通过 A 和 B 创造出的一个新集合.例如,当 $A = \mathbf{R}$(实数集),$B = \mathbf{R}$ 时,由 $A \times B = \mathbf{R} \times \mathbf{R}$ 来表示平面,记作 $\mathbf{R}^2$.

(x, y) 常常用来表示平面上的坐标.看上去相当眼熟的符号,但是在一般意义上,它也表达一些集论上的定义.

譬如,假如 $A = $ 圆,$B = [0, 1]$,那么直接积 $A \times B$ 就表示圆

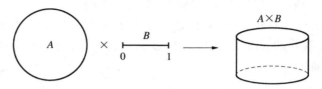

柱体. 顺便提一下, 直接积 $A \times A$ 也能看作表示环形图纹曲面（甜甜圈的表面）.

　　有趣的是对照已知的数的世界, 通过各种各样的运算, 又展现了一个未知的世界. 这些用于集合运算的符号 $\cap$、$\cup$, 尽管与普通的数的运算有着惊人的相似之处, 但也存在迥然不同之处.

　　离开集合, 仅仅汲取这种运算及其所满足的规则来进行考虑, 形成了称为格或者布尔代数的概念, 运用到电工学等学科中诸如开关电路理论等方面上. 布尔（Boole, G.）是 19 世纪英国的数学家, 也是符号逻辑学的创始人.

---

* 在中国, 有的教科书中使用 $\overline{A}$ 或者 $\complement_u A$.

第 30 讲　∈，∀，∃
浜崎步 ∈ **X**

∈ 是用在集论上的符号.

它是表示集合及其元素之间的关系的符号. ⊂，⊃ 是表示集合与集合之间包含关系的符号，∈ 则是表示集合与它的元素间的关系.

如果把日本女歌手的集合记作 **X**，浜崎步作为这个集合的元素，写成

浜崎步 ∈ **X**.

另外，马拉松选手高桥尚子不是歌手，写成

高桥尚子 ∉ **X**.

只要理解这些符号，使用起来不仅在思考上，而且在视觉上都会感到简单明了，并且由此使工作更效率化、更便利化. 当然，如果所有的东西都被符号化了，比如作为国民的我们所得到的是号码，多少会让人感到不舒服. 那些生活在天堂里的人会得到什么样的号码呢？

这些符号是用于逻辑命题的符号. 有关集合和逻辑的符号，多数是由意大利的数学家皮亚诺引入的.

∀ 是 any(德语 alle)的 a 写成大写字母 A，将其上下翻个身后得到的符号，带有"任意的"或者"所有的"的意思. ∀x 指的是"任意的 x"或者"所有的 x". 因此，∀$x \in$ **R**（大写字母 **R** 是用于表示实数(real number)集的符号）的含义为"任意的实数 x".

∃ 是 exist(德语 existieren)的 e 写成大写字母 E，左右翻身后得到的符号，表示"存在". 只是，很少单独使用 ∃$x \in$ **R**，通常会在它后面添上条件.

譬如,为了证明$\sqrt{2}$是无理数,可以假设$\sqrt{2}$是有理数,通过矛盾来予以反证.这时,得到进一步推断:"$\sqrt{2}$是有理数(分数)的话,就存在既约自然数 m 和 n."用数学符号写成

$$\exists m, n \in \mathbf{N}; \sqrt{2} = n/m, (m, n) = 1.$$

或者

$$\exists m, n \in \mathbf{N} \quad (\sqrt{2} = n/m, (m, n) = 1).$$

符号";"之后或者( )中的内容就是条件.$\exists m, n \in \mathbf{N}$ 以下的式子是体现"有关 m, n 的条件"的符号.它并不是唯一的表现形式,在符号逻辑学中是使用( )的吧.

采用更通顺的语言就是:"$\sqrt{2}$是以既约自然数 m 和 n 的分数形式来表现的."在这个假设的基础上,推导出矛盾,反证出$\sqrt{2}$是无理数.这儿,n 的大写字母 $\mathbf{N}$ 是表示自然数(natural number)集的符号.同时,$(m, n) = 1$ 表示除 1 以外,m 和 n 不具有其他的约数(称为相互既约).

这些符号与其说学习,倒不如说是熟悉它们.一旦得心应手了,自然就会体会到它们的好处.

第 31 讲 N, R, Z, Q, C
数的缝隙在哪里?

　　离开集合的概念,现代数学就无法建立.当然,数也是集.特别是 **N**,**R**,**Z**,**Q**,**C**,它们分别表示各种各样的数的集合.

　　N 是自然数集的标记.自然数读作 natural number,**N** 就来自其英文名字的首写字母.同样的,**R** 来自 real number,是实数集的标记.**Z** 是贴在整数集上的标记,来自德语的 Zahl.**Q** 是有理数集的标记.有理数读作 rational number,但 **R** 已是实数的标记,有人说 **Q** 的使用是由于它排在 **R** 的前一位.然而,实际上它又似乎是商(quotient)的英文名字首写字母.最后,代表复数集的 **C** 是来源于复数 complex number.

　　这五者之间的关系是:$N \subset Z \subset Q \subset R \subset C$.但是,从数学史的进程上来看,它们的形成未必都是按由小到大的顺序得来的.这个关系式也是直到 19 世纪才得以明确的.事实证明,在 19 世纪以前,即使没有全面理解有关数论的许多发现,数学仍然在朝前发展.

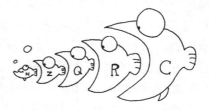

　　过去,对"数究竟是什么"的回答决非是件容易的事.但是现在能够解释说明了.

　　3 既不是 3 个,也不是 3 位,更不是 3 台,只是一个单纯的 3 而已.也就是说,3 只是一个从具体的数量中提取出来的抽象概念.因此,3 既是 3 台的"san",也是 3 位的"san".

　　自然数是名副其实的贴近生活的数,是通过对物品的个数等抽象后得到的数.由测量或分割诸如水的量或者长度等带有量的性质的物品,人们提出了如何表现它们的问题,从而产生了分数

(有理数)的概念. 生活中所接触到的量多或量少的表现,以及代数方程的解法,使人们认识到负数的概念. 人们掌握负数,用它表示带有方向性的量,比如测量到的温度或借款的记录.

随着时间的推移,人们对 0 的认识也不再局限于单纯地表示空缺这个范围内,而把它看成是数. 同时,进位制的发展也使计算变得容易了(0 是由印度人发明的,确切地记录保留在 876 年的碑文上). 听说直到 16 世纪末,大学还在讲授除法,处于 21 世纪的我们会不会油然而生一种恍如隔世的感觉呢?

长期以来,人们无法认可把出现在毕达哥拉斯时代的无理量(无理数)看作为数这一点. 然而,有一种说法认为在三角学自天文学分离出来的 13 世纪,伊朗数学家图丁已接触到正实数(有理数和无理数)这个概念.

随后,出生在法国、17 世纪前半叶的大哲学家笛卡尔克服了连续量和数的概念之间的不一致,在引入单位线段的基础上,通过线段作图,确定了数的四则运算的位置. 由于把实数看成线段,就为将来对无理数以及负数做出同样的解释打好了基础(如果没有数射线,想必到今天还没法体会数的意义吧).

牛顿对数做出现代版的解释:"所谓数并不是一个集,它是某些量对于作为单位的同类基量所构成的抽象比. 数由整数、分数和无理数三种组成."随着极限概念的引入,为如何理解无理数是有理数的极限疏通了渠道. 最终,成功地逮住了无理数! 16 世纪后半叶的荷兰数学家斯蒂文提出了任意实数在小数上的无限近似的方法. 18 世纪,欧拉和朗伯证实,如果无限小数循环的话,就是有理数. 这样一来,对无理数的认识上升到把它作为是不循环的无限小数.

19 世纪,波尔查诺、柯西、魏尔施特拉斯(Weierstrass, K.)等人对极限及其基本概念做出了严格的定义,由此开启了实数概念的飞跃性奠基工程. 第一个挥动"铁铲"的人是德国数学家戴德金(Dedekind, J. W. R.),他想对实数的连续性进行观察. 实数的连续性其实指的是在实数上没有缝隙.

　　譬如 2，作为整数的话，2 的下一个是 3，2 的前一个是 1. 然而，用实数的观念来看，就不能谈 2 的下一个数或者前一个数. 这是因为，实数具有不间断地联接. 这就是实数的连续性.

　　在继续研究微积分等的基础的过程中，"实数是什么"这个问题是相当重要的. 进入 19 世纪之后，这个问题总算有了着落，微积分的基础也变得稳固了.

　　记得在几十年前，一进入大学，老师们就会推荐学生阅读高木贞治的《数的概念》呢.

第32讲 {|}
数学的相扑比赛场

这也是一个表示集合的符号. 在数学中, 往往预先限定好哪些是研究的对象. 从某种意义上来说, 当作集合来讨论的东西必须是明确的. 因此, 所谓的美男子集合是不能成为数学意义上的集合的. 为什么这么说呢? 这是因为对美男子的评判没有一个明确的标准. 当然, 不好看的人也不是集合(棒极了).

还是忘了美男子的问题, 让我们来回忆一下算术. 在小学低年级, 大家所知道的数最多也就是自然数. 如果有这样一道题目: $2x - 3 = 0$, 让低年级同学来解答的话, 他们会感到束手无策. 但是, 伴随着一年一年的升学, 学会了小数和分数, 这道题就能解答了(如果说小学生会解方程, 也仅仅如此了吧……). 进一步的来说, 像这样的一个方程, 还要考虑其在什么范围内能解, 在什么范围内不能解. 基于这一点, 在计算数学的时候, 明确其范围是很重要的. 像这种被限定的东西的集中称为集合. 因此, 在低年级时, 所讲的数通常指的是自然数集.

英语的自然数读作 natural number. 英文名字首写字母写成大写形式 **N** 作为表示自然数集的标记来使用. 采用{||}的形式, 这个集合可以写成

$$\{n \mid n \text{ 是自然数}\},$$

或者

$$\{n \mid n = 1, 2, 3, \cdots\}.$$

竖线的左手边写上这个集合的元素, 右手边写上它的资格(条件).

小学低年级的数是 **N** 类的. 到了小学高年级, 数变成是包含小数和分数的正数. 由于圆周率等的出现, 可以说涉及了实数(在

小学时代,学生们认为 $x^2 = 2$ 是无法解的.其实这是由于当时所学的知识有限,而这个方程的解不属于更狭小、更严谨的范围内的数的集合).

在此基础上,我们开始考虑像

$$\{x \mid x \geqslant 0, x \text{ 是实数}\}$$

这样的集合.实数读作 real number,用英文名字首写字母 R 来表示实数全体的集.刚才所说的那个集合也可以写成

$$\{x \mid x \geqslant 0, x \in \mathbf{R}\}.$$

$x \in \mathbf{R}$ 表示 x 属于 $\mathbf{R}$,也就是表示它是实数.现在,用 $R_{\geqslant 0}$ 这个标识来表示 $\{x \mid x \geqslant 0, x \in \mathbf{R}\}$ 这个集合,那么,以后我们就不需要一个一个地写成 $\{|\ |\}$,很简便哟.在数学上,如果采用文字语言形式的话,许多表达就显得既长又麻烦.巧妙地运用符号加以替换后,一切变得明了,节省了思维时间.这就好比在拥挤的旅游景点,不容易看见导游小姐.但是,如果高举该旅行团的团旗的话,找到导游小姐便是件轻而易举的事了.这旗子的作用就是一种识别标志.

况且,在表示集合的时候,并非一定要用 $\{|\ |\}$.例如,从 1 到 5 的整数集可以写成

$$\{x \mid 1 \leqslant x \leqslant 5, x \text{ 是整数}\}.$$

也可以写成

$$\{1, 2, 3, 4, 5\}.$$

也就是写出所有的元素.因此,也可以把自然数集写成 $\{1, 2, 3, 4, 5, \cdots\}$.采用这个表现方法的话,只要事先能明确是什么样的集合就可以了.

另一方面,集合按它的元素情况分成有限的和无限的两种.前者称为有限集,后者称为无限集. $\{1, 2, 3, 4, 5\}$ 是有限集,而自然数集 $\{1, 2, 3, 4, 5, \cdots\}$ 是无限集.一般地,有限集通过写出

全部的元素来表现.

　　在集合中也有例外,那就是不含任何元素的集合.用标记∅表示.那就是说,对于还没有学过小数和分数的小学低年级学生们来说,方程 $2x-3=0$ 解的集合是∅.而对于小学高年级学生们来说,这个解的集合就是 $\{3/2\}$.这样看来,有解也好,无解也好,都可以用集合的符号来表示.因此,从数学概念的角度来看,它可没有小看低年级小朋友们哟.

　　19世纪的德国数学家康托尔想到了集合这个概念.难怪有人说是在集合概念上,创造出了现代数学.

第33讲　ℵ
看似神秘的符号

　　这个符号读作"阿列夫".

　　信州松本市的无目的杀人事件、律师一家被杀、东京目黑区的公证人被绑架杀害、地铁车站内发生的大量无目的杀人案等一系列凶恶的事件,似乎在日本人健忘的本性中被淡忘了.在20世纪末的日本,引发了一系列事件的新兴宗教团体的新名称就是阿列夫.阿列夫是希伯来语字母表的最初字母.

　　然而,数学上所说的阿列夫却是单纯可爱的.在19世纪替集合打下基础的德国人康托尔用它来表示被讨论的实数的个数的数.当然,实数是"无限"的.

　　康托尔为了表示集合内元素的个数,引入了把个数一般化的称为基数的概念,两个集合相互之间处于一对一的对应情况下,这两个集合的基数看作相等.

　　所谓一对一是指在两个集合之间,相互的对应着,一个不多,一个不少.

　　在日本,有这样一个著名的寓言故事.丰臣秀吉命令千利休去统计山岭的树木总数.千利休让家人把绳子拿过来,按一定的长度剪成一小段、一小段.然后,命令他们把绳子绑在所有的树上.千利休把统计树木的多少改成统计剪开的绳子的总数.实际上,千利休注意到了树木的集合与剪开的绳子的集合具有一对一的关系.

　　同样的想法,康托尔确立了两个集合之间"一一对应"的概念,提倡不是统计元素本身的数量,而是采用比较两个

集合的做法.

　　尽管是多余的话,但按照 20 世纪的心理学家皮亚杰(Piaget, J.)的看法,即使不会数数的孩子们,也能比较两个集合的个数,类似通过一一对应的方法.当今,为了建立数的概念,一对一的概念已经成为非常重要的概念.或许千利休的智慧来自于他的孩提时代呢.

　　我们把只包含了有限个元素的集合称为有限集.有限集的基数就是它的元素个数,用 0 或自然数中的某一个来表示.也许有人会怀疑存在个数是 0 的情况.个数是 0 的情况就如同空空的皮夹子.把它当作什么都不包含的集合来考虑的话,就能迎刃而解.不含任何东西的集合用符号 $\varnothing$ 来表示.这个 $\varnothing$ 的基数就是 0.

　　按照这个方法,就能成功地统计出集合内元素的个数(个数的算术化).

　　有理数是指能够写成分数 q/p 形式的数,它所构成的集合用符号 Q 表示.

　　有理数集 Q 包含着自然数 $\mathbf{N}=\{1,2,3,\cdots\}$,但它的基数竟然与自然数相同.

　　以平面上的点 (p, q) 来考虑有理数 q/p,全体有理数可以看成是平面上的具有整数坐标的点(称为格子点).按常识考虑,我们会认为平面上的格子点的集合较大.然而,通过下图所示,你就能理解事实上这个格子点的基数与自然数相同.

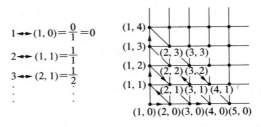

　　采用这个方法,同值的有理数之间的表现只要取最初的一点,作为对应.即使是负数,通过这个方法,也能理解 $\mathbf{N}$ 和 $\mathbf{Q}$ 的一一对应这个概念.

　　自然数的基数是可数无限(即带有 1, 2, 3,…这种号码的无限),称为阿列夫零,记作 $\aleph_0$. 因此,$\mathbf{Q}$ 的基数是 $\aleph_0$.

　　实数的基数比有理数的基数大,但是,单凭直觉是不能确定这一点的. 实数的基数与自然数的基数不同,是无法带上号码的无限,称为非可数无限. 该基数称为阿列夫一,记作 $\aleph_1$. 并且有 $\aleph_0 < \aleph_1$.

　　为了研究数学的基础,在 19 世纪后半叶,康托尔提出了集合(不过,在康托尔之前,同样来自德国的魏尔施特拉斯及其徒弟波尔查诺,还有戴德金等人已经得到了几个有关集论的重要结果). 如何考虑有限与无限、分散与连续,是自古以来的哲学性问题. 但是,用数学来讨论它们,证明可以采用统一性解决方法的人就是康托.

　　对于解决 17 世纪的微积分学所遗留下来的诸如实数的严密性定义、极限的概念和函数的概念等问题,得益于集合所建立的扎实基础. 但是,像康托尔这样的数学家,由于他们所取得成就不能马上得到社会的认可,最终是郁郁不得志地度过了一生.

第 34 讲 $f: X \rightarrow Y$
什么是——对应？

集合和映射(函数)是现代数学中最基本的概念. 也可以这么说,数学"既是对集合的这个构造予以考察的学问,也是运用两个集合之间的关系,即对应这个概念进行考察的学问".

有两个集合 X 和 Y,对于集合 X 中的任意元素 x,在集合 Y 中仅有一个元素 y 与之存在一种确定了的关系(对应)时(称为多

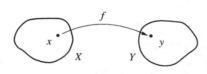

一对应, many-to-one corres-pondence),这种作用(对应关系)用符号 f 表示,记作

$$f(x) = y.$$

此时,f 称为把 X 变到 Y 上的映射或者函数,符号式表现为

$$f: X \rightarrow Y.$$

集合 X 也称为定义域,Y 称为值域. 函数这个名称使用在 X 和 Y 都是数的集合(实数或复数)的场合. 同时,映射是一种最常用的说法.

譬如,电话簿是电话的持有者对应于电话号码这个数而形成的映射(要求每个持有者只能得到一个号码). 也就是说,

X:电话持有者的集合,Y:电话号码的集合,f:电话簿.

在英日词典中,英语单词理应与日语解释相对应,但由于这种对应不是——对应(多数情况下,一个单词带有几层不同的意思),不能称为映射. 所谓的映射是指——对应. 如果,每个单词在英语和日语上的对应是——对应的话,作为唯一的解释,阅读英语文章将简单得如同小菜一碟. 即使是好译通,编辑和生产也是不费吹灰之力的事. 反之,这也说明运用或者处理不是——对应

的东西是颇有难度的. 由此可见,应当避免使用这类对应.

有段时间,在电视上,出现了称为"恋爱告白"之类没有品味的有关约会的系列节目. 这是一种请男士指出自己喜欢的女士的游戏. 作为现代派,这儿我们将尝试由女士来指定男士.

$$X: 女士的集合, Y: 男士的集合.$$

f 担负女士选择自己中意的男士这一作用, f 变成 X 到 Y 的对应. 参照电视游戏的规则,在这个游戏中,一位男士可以被多位女士指定. 但是,一位女士指定多位男士,或者不指定任何人的视为违反规则.

例如,当

$$X = \{a, b, c, d\},$$
$$Y = \{A, B, C, D\},$$

得到

$$f(a) = B, f(b) = C,$$
$$f(c) = B, f(d) = B$$

恋爱告白

是不可避免的. 只能说 B 成为吸引 3 位女士的幸运儿. 像这样的 f 是由 X 到 Y 的映射.

另一方面,我们把由男士指定女士的作用 g 写成

$$g: Y \to X; g(A) = a, g(B) = c, g(C) = d, g(D) = b.$$

与刚才不同的是:这个 g 是由男士向女士做出没有重复的指定. 像这样的映射 g 称为由 Y 到 X 的一一映射. 在这种情况下,时常会出现不多不少、绝对平衡的指名. 没有发生过多与不足情况的称为 Y 变到 X 上的映射. 上面所提到的 f 中,由于 A 没有被指名,故不是变上的映射.

最后,让我们讨论一种新的映射: $f: X \to Y$ 和 $g: Y \to X$ 的合成. 用符号 $g \cdot f$ 表示

$$g \cdot f: X \to X.$$

这样的映射,定义为

$$(g \cdot f)(x) = (g(f(x))).$$

$g \cdot f$ 称为 f 和 g 的合成映射. $g \cdot f$ 是由女士到女士的映射,不存在"恋爱告白"的意思. 这个映射显示的结果是: $a \to c, b \to d, c \to c, d \to c$. 可见,在组合中,只有 c 女士才是最佳人选.

对于像 g 这样的一一映射来说,可以考虑 g 的逆对应. 也就是说,对于

$$g: Y \to X ; A \to a, B \to c, C \to d, D \to b,$$

通过 X 到 Y 的映射,能够得到

$$a \to A, c \to B, d \to C, b \to D.$$

用符号 g^{-1} 来表示,称为 g 的逆映射. 右上角的 -1 是表示逆的符号. 譬如,一个数上带有指数 -1,形如 2^{-1} 表示为是 2 的倒数. 在数的算式上,可以写成 $2 \times 2^{-1} = 2^{-1} \times 2 = 1$. 那么,在映射中,对于

$$g: Y \to X; A \to a, B \to c, C \to d, D \to b;$$

$$g^{-1}: X \to Y; a \to A, c \to B, d \to C, b \to D$$

这两个映射,考虑到 g 和 g^{-1} 的合成映射

$$g^{-1} \cdot g$$

得到

$$A \to A, B \to B, C \to C, D \to D.$$

就是说,存在自己与自己相对应的映射. 称为恒等式映射,用符号 1_Y 表示. 即

$$g^{-1} \cdot g = 1_Y.$$

这样的话,符号 · 起到映射之间的乘法作用,1_Y 起到数字 1

的作用.

在数学上,一边将在数的范围上成立的、为人所知的性质进行具体的公式化,一边针对数以外的概念,在大范围内进行思考的基础上,让其数学对象格式化,从而创立新的数学,最后,让这些推导出来的结果在各方面发挥作用. 套句时髦的话,全球化是数学的生命.

有关映射的具体例子是 $f(x) = x^2$ 或 $g(x) = \sin x$ 之类的函数.

通过这种类型的函数,人们能够领会物理上的现象,掌握经济上的变故.

由函数与作为其基础(定义域和值域)的实数的构造之间的协调组合开始,分析连续性或可微性这些函数的性质,再运用这些性质来解决实际问题,是一种函数的数学思想方法.

从中世纪开始,费马和笛卡尔、牛顿和莱布尼兹暗示性地使用函数概念. 自欧拉以后,函数概念才成为解析学的基础. 在 18 世纪,莱布尼兹首次使用 function(作用)这个单词. 此后,这个 function 的 f 被当作符号广泛使用.

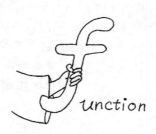

第 35 讲 ∧ , ∨ , ¬ , ⇒
教教哈姆雷特学数学

这些都是数理逻辑的符号.

∧ 表示"并且(and)"的意思, ∨ 表示"或者(or)"的意思.

⇒带有"假定、如果"这类的意思,"如果 p,那么 q"记作 $p \Rightarrow q$.

"爱还是不爱,到底哪个嘛!"读者中体验过这种尴尬场面的人也许不少吧. 如果把用语言表达的某种判断称为命题的话,"爱"是一种命题,用 p 表示. 另一个"不爱"也是命题,用 q 来表示.

$$p: \text{"爱"}, \quad q: \text{"不爱"}.$$

这样的话,

(1) $p \wedge q$ 表示"爱"的同时也存在"不爱";

(2) $p \vee q$ 表示"爱"或者"不爱".

当然数学没法表现情感,像(1)似的"爱你的呀,但可能不爱哟"这种文学上的表现,数学是无能为力的. 也就是说,对待一开始的"爱还是不爱,到底哪个嘛!"这种劈头盖脸的问题,不是选择 p,就是选择 q,这称为数学的立场. 然而,在现实生活中,往往因为不能像数学那样选择而感到苦恼. 这也正是哈姆雷特的苦恼所在.

哈姆雷特之烦恼

用数理逻辑符号表示某个命题 p 的否定命题,写成 $\neg p$. 如果把"爱"这个命题记作 p,那么"不爱"就是 $\neg p$.

在数学中,不是 p 就是 $\neg p$. 因此,在数理逻辑上,不会认可那种不知道是爱还是不爱的暧昧立场. 这样的原理(立场)称为排中律. 正是有了这条原理, 数理逻辑才得以顺利地发展. 也就是说, 与你的想法到底如何无关, 一般的, "你的想法是 $p \vee q$(即 $p \vee \neg p$)"这种说法是正确的.

数理逻辑中所采取的观点是: 通常情况下认为 $p \vee \neg p$ 是正确的, 而 $p \wedge \neg p$ 是不正确的(称为矛盾律).

$p \wedge \neg p$ 这种命题常被当作是"虚假的(不确实的)", 所以, "我爱你, 但有可能不爱哟"在数学中是"虚假的". 这种说法叫做诡辩. 因为它的难以拒绝, 可千万要小心.

数学并不是冷酷无情的. 但如果所运用的逻辑模糊不清的话, 就没法得到明确的结论. 据此, 只要逻辑严密, 就能发现数学也是小葱拌豆腐——一清二楚.

以下是有关 ∧, ∨, ⇒ 的真值表.

p	q	$p \vee q$	$p \wedge q$	$p \Rightarrow q$
真	真	真	真	真
真	假	真	假	假
假	真	真	假	真
假	假	假	假	真

数学史上, 有关数理逻辑的观点有: 英国罗素(Russell, B. A.)的逻辑主义、由德国移居到美国的布劳尔*(Brauer, R. D.)的直觉主义、德国希尔伯特(Hilbert, D.)的形式主义. 这些都是进入 20 世纪后的事.

逻辑主义主张仅在逻辑概念的基础上构造数学. 它被评价为逻辑主义者的数学. 另一方面, 直觉主义的观点是不认可排中律总是正确的. 现在, 采取以希尔伯特的形式主义为主的观点.

形式主义的观点认为数学是从公理系统出发建立的演绎系

统(一种按照逻辑推导结论的体系),把形式化了的数学中的证明作为问题.希尔伯特意在指出:只采用在形式体系中能表现的东西就能构成数学,这个形式体系不包含自相矛盾(指 p 和 $\neg p$ 同时被证明).

但是,由德国移居美国的哥德尔(Gödel,K.)认为形成满足这两方要求的形式体系是件很困难的事.这也就是在 1931 年被证明的著名的不完全性定理.

数学是沿着逻辑推导得出结论的,但是又不希望把数学误解为纯粹的逻辑.作为 20 世纪伟大的数学家之一的勒内·托姆(Thom,R.)说过:"数学教育中最重要的不在于其严密性,而在于其意思的构成."因此,数学的学习应该从理解和掌握它的含义所指的角度出发.

＊　直觉主义学派的创始人为荷兰数学家布劳威尔(Brower,L.E.J.),而
　　不是文中提到的布劳尔.——编者注

第36讲 ε, δ
让人头疼的"$\varepsilon-\delta$"语言

表示非常小的量的符号是 ε 和 δ. ε 和 δ 这两个希腊字母经常是联袂登场的.

大学一年级所学的微积分学中,为了定义函数的连续性请出了 ε 和 δ. 用让不少学生伤透脑筋的"$\varepsilon-\delta$"语言来定义连续性的话,它的表示如下:

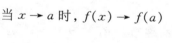

函数 $f(x)$ 在点 $x=a$ 处连续是指对于任意小的 ε,都存在 δ,使得当 $|x-a|<\delta$ 时,就有 $|f(x)-f(a)|<\varepsilon$ 成立.

在高中数学中,则写成

当 $x \to a$ 时, $f(x) \to f(a)$

或者

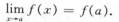

$$\lim_{x \to a} f(x) = f(a).$$

其中→是表示"接近于、趋于"的符号,lim 与→具有相同的意义.因而,高中时所学的定义给人一种直觉上的印象,比较容易理解.

假如改用文字描述这个定义的话,就是当 x 无限接近于 a 时,函数 $f(x)$ 也无限接近于函数值 $f(a)$.

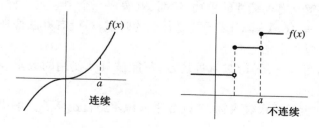

连续　　　　　　　　不连续

现在,让我们用这个高中所学的定义来确认一下函数 $f(x)=x^2$ 在点 $x=1$ 处的连续性.

在"数学"范畴内,对"假如 x 无限接近于 1,则 $f(x)$ 无限接近于 $f(1)=1$"的证明是一笔一画来不得半点马虎的.

抽象的"x 无限接近于 1"被具体化后是什么样的呢?

假设 $x=9/10$,这个数值确实离 1 很近了.将它代入式子后,得到 $f(9/10)=81/100$,计算结果也是离 1 很近了.

接下来该怎么办呢?

再取一个比 $9/10$ 更接近于 1 的点来确认.计算后,发现 $f(x)$ 也更接近 $f(1)=1$ 了.可是,在什么时候、到什么程度才可以说证明完毕了呢? 说实话,用尽我毕生的时间和精力也没有办法做到证明完毕.想到这一点就感到困惑,就像陷入了没有尽头的迷宫.

对于"x 无限接近于 a"或者"$f(x)$ 无限接近于 $f(a)$"这种说法,单凭直觉是能够理解的,让人头疼的是如何具体的表现出来.

画出 $y=x^2$ 的图像之后,你会发现它是一条光滑的曲线(抛物线),因此,有人说:"x 无限接近于 1,则 $f(x)$ 也无限接近于 $f(1)$ 是理所当然的."

在这儿我想说一件奇怪而有趣的事.在学习 $y=x^2$ 这个函数时,一开始会让中学生们自己画出这个函数的图像.按照作图法,先取数个 x 的值,再分别算出 $f(x)$ 的值,然后在小方格纸上标出这些点,最后用笔把这些点连成图形.问题就出在连线上,每次总会有那么几个学生连不成曲线.由于不知道线的走向,到一定程度时,会在点和点的连接上变得犹豫不决.

虽然我们已经能够想象连接好的曲线,但那也只不过是凭直觉来理解具有连续性的事物.然而,就像那几个中学生一样,在不了解 $y=f(x)=x^2$ 表示的是什么的时候,是没有办法像现在这样凭直觉作出结论的.

简而言之,无论在何种场合,都能被具体使用的数学表现是必不可少的.

19 世纪的代表人物、德国数学家魏尔施特拉斯着手解决这个问题,他把解析学从几何学上的直觉中独立出来,并在实数理论的基础上进行讨论.

魏尔施特拉斯引入一种数学表现.这种数学表现使用的就是本文开头所提及的 $\varepsilon-\delta$.受他的影响,海涅(Heine, H. E.)* 他们普及推广了这种语言(当时不是 δ,而是另一个希腊字母 η).

现代数学的飞跃正是得益于这项伟大的发明.它的出现显著地表明高中数学与高等数学之间的差距.

高中时代所学的连续性定义是:

当 $x \rightarrow a$ 时,$f(x) \rightarrow f(a)$.

由 $\varepsilon-\delta$ 给出的连续性定义是:

　　对于任意小的 ε,都存在 δ,

　　只要 $|x-a| < \delta$ 时,就有 $|f(x) - f(a)| < \varepsilon$ 成立.

两者之间存在着一条不宽的小溪,却多少让人体会到高等数学的难度.

然而,抱怨归抱怨,一旦掌握了这个定义的含义,今后,在计算过程中你会体会到它所带来的好处.

总之,首先请确定一个使 $|f(x) - f(a)| < \varepsilon$ 成立的正的任意小的量 ε.然后的问题是能否得到使 $|x-a| < \delta$ 成立的量 δ.

还是以 $f(x) = x^2$ 为例,对于

$$|f(x) - f(1)| = |x^2 - 1| < \varepsilon,$$

假设正好找到 δ,那么,

当 $|x-1| < \delta$,则 $|f(x) - f(1)| = |x^2 - 1| < \varepsilon$.

由于 $x^2 - 1 = (x-1)^2 + 2(x-1)$,通过下列步骤可以得到 δ,

$$|x^2 - 1| \leqslant |x-1|^2 + 2|x-1| < \delta^2 + 2\delta < \varepsilon.$$

最后一个不等式的两边同时加上 1,则

$$\delta^2 + 2\delta + 1 < \varepsilon + 1,$$

即
$$(\delta+1)^2 < \varepsilon+1.$$

只考虑正数时的情况,得到
$$\delta+1 < \sqrt{\varepsilon+1}.$$

因此 δ 的值是
$$\delta = \sqrt{\varepsilon+1}-1.$$

面对心目中的白雪公主 ε 小姐,δ 先生绞尽脑汁找不到接近的办法.看了刚才的证明过程,多数人会对由 ε 小姐引起的 δ 先生的郁闷和烦恼产生强烈的同情.(真的吗?)

与技巧性地耍手腕怎么也格格不入的人应该不多吧.但是,在这儿,连续是一个在数学上能够被恰当的格式化的概念,认识到这一点,就不会感到别扭了.

在魏尔施特拉斯以前,不管哪位数学家有多么伟大,他也只是凭几何上的直觉来进行理解.因此,没有必要对无法理解"$\varepsilon-\delta$"语言感到特别苦恼.有很多问题看看说懂了,其实并没有真正地搞清楚.学习数学的关键是真正的理解.好比一件事,在你向别人解释以前,以为自己什么都明白,可在解释的过程中有时会发现自己也是一知半解,没法交待明白.这种情况下,只要再一次地学习和探讨,就会达到更深层次的理解.

满意不满意?

---

* 这位海涅不是那位我们所熟悉的著有《德国——一个冬天的童话》的诗人海涅.

第37讲　max，sup，min，inf
大大小小、各不相同

max 是最大(maximum)的符号,min 是最小(minimum)的符号.

以追求最大利益为目标的企业界中,用豪气的"Max XXX"命名的企业数量遥遥领先于用"Min XXX"命名的. 话说回来,像三菱家族的罗伯·迷你汽车这种,用"迷你"(mini)命名的商品也不少见.

有关最大和最小的问题也是高考试卷的常客.

例如有这样一道题:

"当 $0 \leqslant x < 2$ 时,求出 $f(x) = x^2$ 的最大值."

$f(x)$ 在 $0 \leqslant x < 2$ 范围内是单调上升的,它的值在集合上的表示是 $[0, 4) (0 \leqslant f(x) < 4)$. 所以,正确的答案是没有最大值. 它的最小值是 0,记作

$$\underset{0 \leqslant x < 2}{\text{Min}} f(x) = 0 \text{ 或 } \underset{0 \leqslant x < 2}{\min} f(x) = 0.$$

有一个集合 S,其中最大的称为这个集的最大元素. 假定 p 是这个最大元素,记作

$$\text{Max}S = p \text{ 或 } \max S = p.$$

同样地,其中最小的称为这个集的最小元素. 假定 q 是这个最小元素,记作

$$\text{Min}S = q \text{ 或 } \min S = q.$$

例如,S 是从 0 到 2 的闭区间. 用符号表示,写成

$$S = [0,2] = \{x \mid 0 \leqslant x \leqslant 2, x \in \mathbf{R}\}.$$

这时,S 的最大元素是 2,最小元素则是 0,分别写成

$$\max S = 2, \ \min S = 0.$$

用数学语言来稍微描述一下最大和最小的概念.p 是集合 S 里的一个元素,对于 S 里的任何一个元素 s 都存在 $s \leqslant p$,那么称 p 为 S 里的最大元素(数值的情况下称最大值),写成

$$\max S = p.$$

用数学符号表述这段话,你一定会说像加密电码:

$$\exists\, p \in S;\ s \leqslant p,\ \forall\, s \in S.$$

这些符号其实是按英语的语句顺序来排列的,There exists an element p of S such that s is smaller than p for all s of S. 这儿 $\exists$ 表示 exists,$\forall$ 表示 all.

所谓的 S 里的最小元素(或最小值)是指满足下列条件的 q:

$$\exists\, q \in S;\ s \geqslant q,\ \forall\, s \in S.$$

在 $T = [0, 2)$ 的条件下,T 内不存在最大值,也就没有必要考虑 $\max T$. 这时,采用一种与最大值相似的新概念来进行讨论. 这个被称为上确界的数用 sup 来表示.

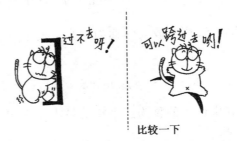

比较一下

现在,看一下 $T = [0, 2)$ 以及它外面的世界. 当把它看成实数全体的一部分时,2 是具有下列性质的元素(数):

(1) 实数 2 不在 T 里面,却比 T 内的任何一个元素都大;

（2）比 2 小的元素，即使只小一丁点儿，都是 T 里的元素（T 的元素是从 0 以上开始的）.

也就是说，2 是比 T 内的任何数都大，但是在所有比 T 大的数中又是最小的数. 像这样的数称为 T 的上确界（supremum），写成

$$\sup T = 2.$$

换一种方法来说，比 T 内任何数都大的数称为 T 的上界（upper bound）（通常认为上界是用来指范围的吧，但这儿是指元素. 对不起，这个翻译听上去多少有点牵强）. 不只是 2、3，其实 4、5 等也是 T 的上界. T 的上界中最最小的是 T 的上确界. 也可以叫做最小上界（least upper bound），记作

$$\mathrm{lub}T.$$

也就是说，$\sup T = \mathrm{lub}T = 2$.

例如，班级中数学成绩第一的人在这个班级里是 Max（最大值），但是从整个学校来看，存在比这个学生更好的学生. 班级第一的成绩拿到平行班去比，可能成为所有比他高的成绩中最低的一个. 这时，这个班级第一就是我们所说的上确界.

$U = (0, 2]$ 也是这么一回事. 把 U 作为实数全体中的一员来考虑，0 是具有以下性质的元素（数）：

（1）实数 0 不在 U 里面，却比 U 内的任何一个元素都小.

（2）比 0 大的元素，即使只大一丁点儿，都是 U 里的元素（U 的元素是从 2 开始往下的）.

这时，0 称为 U 的下确界（infimum），记作

$$\inf U = 0.$$

和上确界一样，也能用另一种

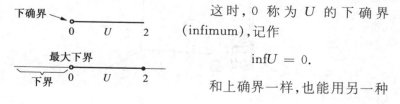

方法来说明一下.

比 U 内的任何数都小的数称为 U 的下界(lower bound),这个下界中最最大的称为 U 的下确界. 这也叫做最大下界(greatest lower bound),记作

$$glbU.$$

因此, $\inf U = glbU = 0$.

当然,还存在 像 $V = (0, \infty)$ 这种 $\max V$、$\min V$ 和 $\sup V$ 都不存在,唯有 $\inf V$ 存在的情况. 这里的 $\inf V = 0$.

$\sup V$ 和 $\inf V$ 均不存在时,记作 $\sup V = \infty$ 和 $\inf V = -\infty$.

上确界和下确界是有关整体中的一部分的端点的概念. 在讨论实数的连续性(连接)和数列的极限时,起着重要作用.

在某个实数内的子集 W 中有一个数 M,使得 W 内的任何元素 w 都比 M 小 $(w \leqslant M)$,则称 W 是有上界的;类似地,若有一个数 K,使得 W 内的任何元素都比 K 大 $(w \geqslant K)$,则称 W 是有下界的. 既有上界又有下界的集合简单地称为有界集合.

魏尔斯特拉斯指出了在实数范围内,下列性质是成立的:

"实数内的子集 W,有上界的必有 $\sup W$,有下界的必有 $\inf W$."

尽管认为是理所当然的事,但对实数即使是下了定义,还是必须予以证明.

第 38 讲 *O, o*
"大鸥"和"小鸥"的区别

    o 是小写英文字母 o,读作"小鸥",是表示无穷小的程度的符号. O 是大写的英文字母 O,读作"大鸥",是表示无限接近 0 的速度的符号.这两个统称为兰道符号.兰道(Landau, E. G. H.)是19 世纪的德国数学家.

    在数学上,往往会忽视迅速变小的那一部分.这时的关键是要掌握小到什么程度,这个项才能被忽视. O 和 o 就是用来表示这个程度的符号.

    $x \to 0$ 时,如果 $f(x) \to 0$,那么函数 $f(x)$ 称为无穷小.这儿,假设还有一个函数 $g(x)$ 也是无穷小.

    现在,让我们来看一下 $f(x)$ 和 $g(x)$ 各自的无穷小的程度.作为定义,对于 $f(x)/g(x)$,在 $x \to 0$ 时,存在 $f(x)/g(x) \to 0$,就可以写成

$$f(x) = o(g(x)).$$

表示 $f(x)$ 是比 $g(x)$ 高级的无穷小量.也就是说,$f(x)$ 一方比 $g(x)$ 更快速地接近 0.

    例如,在

$$e^x = 1 + x + \frac{1}{2!}x^2 + \frac{1}{3!}x^3 + \cdots + \frac{1}{n!}x^n + \cdots$$

中,如果认为表达到二次项就足够清楚的时候,使用兰道符号写成

$$e^x = 1 + x + \frac{1}{2!}x^2 + o(x^2)$$

就可以了.

还是这两个无穷小的函数 $f(x)$ 和 $g(x)$,对于位于 $x=0$ 附近的一个数 K,存在 $|f(x)/g(x)| < K$ 时,记作

$$f(x) = O(g(x)).$$

表示 $f(x)$ 是被 $g(x)$ "逼迫"的. $f(x)$ 的一方接近 0 的速度有可能比 $g(x)$ 快,也有可能与 $g(x)$ 相同. 当然,如果 $f(x) = o(g(x))$,就有 $f(x) = O(g(x))$. 因而,刚才的那个算式也可以写成

$$e^x = 1 + x + \frac{1}{2!}x^2 + \frac{1}{3!}x^3 + \cdots + \frac{1}{n!}x^n + \cdots$$

$$= 1 + x + \frac{1}{2!}x^2 + O(x^3).$$

运用泰勒公式和泰勒级数,大多数函数可以进行多项式展开. 根据需要,常常会驻足于不必要的更高阶的前面. 这时,这两个符号就是最合适的句号. 而且,在微分和积分的定义上,使用它们会使定义更容易、更清晰. 实际上,使用这个符号,可以用类似商和余数的关系来取代用除法的形式来表现微分.

函数 $y=f(x)$ 的微分是指 x 的增量 $\Delta x \to 0$ 时,存在 $f(x)$ 的改变量与 Δx 的比的极限,得到

$$\lim_{\Delta x \to 0} \frac{f(x+\Delta x) - f(x)}{\Delta x} = f'(x).$$

由于 $f'(x)$ 和 Δx 无关,可以将它移到等式的左边,得到

$$\lim_{\Delta x \to 0} \left(\frac{f(x+\Delta x) - f(x)}{\Delta x} - f'(x) \right)$$

$$= \lim_{\Delta x \to 0} \left(\frac{f(x+\Delta x) - f(x) - f'(x)\Delta x}{\Delta x} \right) = 0.$$

这就是说,当 $\Delta x \to 0$ 时,$\dfrac{f(x+\Delta x) - f(x) - f'(x)\Delta x}{\Delta x} \to 0$.

使用兰道符号写成

$$f(x + \Delta x) - f(x) - f'(x)\Delta x = o(\Delta x).$$

式中 $f(x+\Delta x) - f(x) = \Delta y$ 的话,那么 $\Delta y = f'(x)\Delta x + o(\Delta x)$.
这是一个不用除法的微分表达式. 在进行理论性的讨论过程中,
这种商和余数的表现方法要比除法的 $f'(x) = \lim\limits_{\Delta x \to 0} \dfrac{\Delta y}{\Delta x}$ 来得简便.

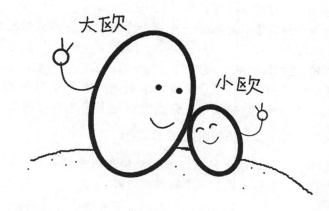

第 39 讲　$\overline{\lim}$，$\underline{\lim}$
上下收敛的话题

$\overline{\lim}$是上极限的符号,与它相对的$\underline{\lim}$是下极限的符号.极限不是牛排,它没有上选、下选,甚至于特选之分.因此,这儿所说的"上"和"下"指的是"最大的"和"最小的".

所谓数列的极限是表示一个接一个无限制排列的数最终安家落户的地方.

例如,连续排列的一列数 $1,1/2,1/3,\cdots,1/n,\cdots$,它的尽头究竟在哪里? 仔细观察一下这个数列,$n$ 是逐渐增大的,数列的尽头应该是 0 吧.确切地说,最终不会成为 0,而是愈来愈接近 0.这样的结果叫作这个数列的极限是 0,写成 $\lim\limits_{n\to\infty}\dfrac{1}{n}=0$.

为什么说数列这个怎么说都很繁琐的东西是必要的呢? 那是因为任何数本身就是某一个数列的极限.

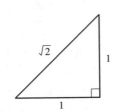

譬如$\sqrt{2}$指的是平方值为 2 的数,但没法具体地描述它是什么数.大家都知道$\sqrt{2}$的值是 $1.4142\cdots$,一个无限不循环小数,谁都不可能亲眼看到它的尽头.只能把$\sqrt{2}$看成是一列数 $1,1.4,1.41,1.414,\cdots$ 的极限.这样还是很难逮到尽头,我们可以用连分数展开的方法把它作为一列分数的极限来考虑(连分数展开详见文末).把$\sqrt{2}$作为一列分数 1,$3/2,7/5,17/12,\cdots$ 的极限来考虑.$17/12$ 之后的分数是:[前项的(分母+分子)+前项的分母]/前项的(分母+分子).这也是这个数列的排列规则.连分数只使用在近似计算上,这个分数列中的任何一个分数都可以作为一个近似值.

在其他的章节中,曾经提到过所有的数都可以写成无限小数的形式(这种做法是好是坏得因事而宜).

例如整数 2 也是无限小数 1.9999…. 因此,2 就成为数列 1,1.9,1.99,1.999,… 的极限.

有一列数 a_1, a_2, a_3, …, a_n, …(简单地写成数列 $\{a_n\}$). 从这个数列中取走一部分后剩下的数列称为子数列. 像这样的子数列可以有无数个. 只考虑已知数列中所具有的已确定的极限部分时(确定一定的值作为数列的目的地时,这个数列称为收敛的),极限部分中最大的值为数列 $\{a_n\}$ 的上极限.

例如,对于 $a_n = (-1)^n$, 这儿的数列 $\{a_n\}$ 本身是不收敛的. 只考虑 n 是偶数的情况时,它的子数列是 $1,1,1,…$, 极限是 1(收敛于 1). 原本就是 $-1 \leqslant a_n \leqslant 1$, 无论计算多少个子数列,极限都不会超过 1. 由此可见,1 就是最大极限,称为这个数列的上极限,采用 $\overline{\lim}$ 符号写成

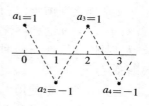

$$\overline{\lim} a_n = \overline{\lim}(-1)^n = 1.$$

而 $\underline{\lim}$ 是上极限的相反,它代表的是所有子数列的极限中最小的值. 还是 $a_n = (-1)^n$, 仅仅考虑奇数项,这个数列就是 -1, $-1,-1,…$,极限也就是 -1. 如同偶数项,由于 $-1 \leqslant a_n \leqslant 1$, 无论哪一个子数列,它的极限都不会小于 -1,因此可写成

$$\underline{\lim} a_n = \underline{\lim}(-1)^n = -1.$$

称为这个数列的下极限.

数列 $\{a_n\}$ 中任何数(项)的绝对值都不超过一个定数 K,那么这个数列称为有界的,即 $|a_n| \leqslant K$. $a_n = (-1)^n$ 就是有界数列.

对于有界数列,必有上极限和下极限. 这是根据波尔查诺-魏尔施特拉斯定理——"有界数列必有收敛子数列"——得到的.

在讨论数列过程中,会出现像 $a_n = (-1)^n$ 这种是有界数列但本身并不一定是收敛的情况,这时的首要问题就是考虑其上极限和下极限. 如果有界数列 $\{a_n\}$ 存在 $|a_n| \leqslant K$, 那么,这个数列的

收敛子数列的极限也就包含在这个范围内.

上截下拦

当然,如果数列 $\{a_n\}$ 自身是收敛的,它的上极限和下极限就相等.相反地,若上极限和下极限相等,这个数列也就收敛.

另一方面,在数列这个大家庭中,也有像 $a_n = n$ 那样逐渐增大、没有限制的递增的数列,这就不是有界数列.对于 $a_n = n$ 这种不管多少一直往上增加的数列,其上极限是 ∞.相反地,$a_n = -n$ 这种无限制递减的也不是有界数列,它的下极限是 $-\infty$.

这儿介绍一道使用上极限的例题.

关于实数变量 x 的无限多项式

$$a_0 + a_1 x + a_2 x^2 + \cdots + a_n x^n + \cdots$$

称为 x 的幂级数.幂级数用于函数多项式近似的泰勒级数,出现在微积分部分.现在的问题是这个多项式 $\sum\limits_{n=1}^{\infty} a_n x^n$ 是否收敛,这与变量 x 的大小有关.能够使幂级数收敛的变量 x 的大小范围称为收敛半径(x 是实数时也称为收敛区间,当 x 扩展到复数范围时,就变成一个圆盘,因而称为半径).收敛半径由系数 a_n 决定的公式称为柯西-阿达玛公式.这个公式的名称是为了纪念 1821 年柯西的发现和 1892 年阿达玛(Hadamard, J.)的再发现.

柯西-阿达玛公式:

幂级数 $\sum\limits_{n=1}^{\infty} a_n x^n$ 的收敛半径 ρ 是:

$$\rho = \frac{1}{\lim \sqrt[n]{a_n}}.$$

其中,当 $\overline{\lim} \sqrt[n]{a_n} = 0$ 和 $\overline{\lim} \sqrt[n]{a_n} = \infty$ 时,收敛半径分别是 $\rho = \infty$

和 $\rho = 0$.

当 $\mid x \mid < \rho$ 时,级数收敛.当 $\mid x \mid > \rho$ 时,级数发散.$\mid x \mid = \rho$ 时,就很难说了,可能收敛也可能发散.

连分数展开

$$\sqrt{2} = 1 + \cfrac{1}{2 + \cfrac{1}{2 + \cfrac{1}{2 + \cfrac{1}{2 + \cdots}}}}$$

$$1,\ 1 + \frac{1}{2} = \frac{3}{2}, 1 + \cfrac{1}{2 + \cfrac{1}{2}} = \frac{7}{5}, \cdots \to \sqrt{2}$$

$$\sqrt{3} = 1 + \cfrac{1}{1 + \cfrac{1}{2 + \cfrac{1}{1 + \cfrac{1}{2 + \cdots}}}}$$

第Ⅲ部

矩阵、矢量、线性代数

第 40 讲 sgn
由搭桥到行列式

sgn 是英语 sign(符号)的缩略语(拉丁语是 signum),19 世纪德国数学家克罗内克(Kronecker, L.)引入了这个数学记号.

作为符号,它所表示的是 +1 和 −1. 因此,sgn 不能单独使用.

"a 的符号是什么?"可以写成 sgn$a$,也有人用 ε 代替 sgn.

例如,对于某个城镇的居民 A 来说,是男士的写成 −1,是女士的写成 +1. 如果有 sgn$A = 1$,那么 A 就是一位女士.

让我们用数学语言来稍微解释一下,sgn 是被称为"对应"的概念,是某个城镇的居民组成的集合与另一个集合 $\{−1, +1\}$ 的一一对应.

sgn:{某城镇的居民} → {−1, +1}

另外,初中数学中出现的绝对值 $|a|$ 指的是

$$|a| = \begin{cases} a \ (a \geqslant 0), \\ -a \ (a < 0) \end{cases}$$

两种情况.

这儿,$a \geqslant 0$ 时有 sgn$a = 1$,$a < 0$ 时有 sgn$a = −1$,那么绝对值 $|a|$ 可以写成

$$|a| = (\text{sgn}a)a.$$

也就是说,使用了 sgn,$|a|$ 只要写成一个式子就可以了.

数学上,式子的应用相当广泛. 相比较前者的表达方法,只有一个式子的后者更简

单明了.这就有点像大人带小孩出门,牵着小孩的手走路还没有背着他走来的方便.

　　这个 sgn 出现在大学一年级的行列式部分.

　　让我们来看一下{1, 2, 3}对于{1, 2, 3}的一一对应.

　　它们有 1→2,2→3,3→1 或者 1→1,2→3,3→2 等多种形式. 把这些形式纵向排列,写成

$$\begin{pmatrix} 1 & 2 & 3 \\ 2 & 3 & 1 \end{pmatrix}, \begin{pmatrix} 1 & 2 & 3 \\ 1 & 3 & 2 \end{pmatrix}$$

这样的形式看上去十分方便,称为置换. 在这题中,全部置换共有 3!(= 6) 种.

$$\begin{pmatrix} 1 & 2 & 3 \\ 1 & 3 & 2 \end{pmatrix}$$

　　例如,可以用左图所示的"搭桥"图形来考虑置换 $\begin{pmatrix} 1 & 2 & 3 \\ 2 & 3 & 1 \end{pmatrix}$ 和 $\begin{pmatrix} 1 & 2 & 3 \\ 1 & 3 & 2 \end{pmatrix}$.

$$\begin{pmatrix} 1 & 2 & 3 \\ 3 & 1 & 2 \end{pmatrix}$$

　　由此,具有本质上不同的 123 和 123 的结合,搭一下桥后知道有 6 种.

　　这 6 种置换全部表示如下:

1	2	3

$$\begin{pmatrix} 1 & 2 & 3 \\ 1 & 2 & 3 \end{pmatrix} \quad \begin{pmatrix} 1 & 2 & 3 \\ 1 & 3 & 2 \end{pmatrix} \quad \begin{pmatrix} 1 & 2 & 3 \\ 3 & 1 & 2 \end{pmatrix}$$

4	5	6

$$\begin{pmatrix} 1 & 2 & 3 \\ 2 & 1 & 3 \end{pmatrix} \quad \begin{pmatrix} 1 & 2 & 3 \\ 3 & 2 & 1 \end{pmatrix} \quad \begin{pmatrix} 1 & 2 & 3 \\ 2 & 3 & 1 \end{pmatrix}$$

　　还要特别提一下,两个文字的位置对调过程称为对换.

　　第 2 个置换中,两个数字 2 和 3 的位置交换了,进行了一次对换.

　　第 6 个置换是位置 1 和位置 2 交换,然后位置 2 和位置 3 交换.在这种情况下,可以把它看成是本质上进行过 2 次对换的结果.

现在,把置换由偶数次对换形成的记作 1,由奇数次对换形成的记作 -1. 刚才的两个就是

$$\text{sgn}\begin{pmatrix}1 & 2 & 3\\2 & 3 & 1\end{pmatrix}=1,\quad \text{sgn}\begin{pmatrix}1 & 2 & 3\\1 & 3 & 2\end{pmatrix}=-1.$$

那么,$\{1,2,3\}$ 的所有置换用 sgn 表示就是:

$$\begin{pmatrix}1 & 2 & 3\\1 & 2 & 3\end{pmatrix}\quad\begin{pmatrix}1 & 2 & 3\\1 & 3 & 2\end{pmatrix}\quad\begin{pmatrix}1 & 2 & 3\\3 & 1 & 2\end{pmatrix}$$

sgn:　　　　　　$+$　　　　　$-$　　　　　$+$

$$\begin{pmatrix}1 & 2 & 3\\2 & 1 & 3\end{pmatrix}\quad\begin{pmatrix}1 & 2 & 3\\3 & 2 & 1\end{pmatrix}\quad\begin{pmatrix}1 & 2 & 3\\2 & 3 & 1\end{pmatrix}$$

sgn:　　　　　　$-$　　　　　$-$　　　　　$+$

这样一来,可以用下列方式定义大学一年级所学的三阶行列式:

$$\begin{vmatrix}a_{11} & a_{12} & a_{13}\\a_{21} & a_{22} & a_{23}\\a_{31} & a_{32} & a_{33}\end{vmatrix}=\text{sgn}\begin{pmatrix}1 & 2 & 3\\1 & 2 & 3\end{pmatrix}a_{11}a_{22}a_{33}+\text{sgn}\begin{pmatrix}1 & 2 & 3\\3 & 1 & 2\end{pmatrix}a_{13}a_{21}a_{32}$$

$$+\text{sgn}\begin{pmatrix}1 & 2 & 3\\2 & 3 & 1\end{pmatrix}a_{12}a_{23}a_{31}+\text{sgn}\begin{pmatrix}1 & 2 & 3\\3 & 2 & 1\end{pmatrix}a_{13}a_{22}a_{31}$$

$$+\text{sgn}\begin{pmatrix}1 & 2 & 3\\2 & 1 & 3\end{pmatrix}a_{12}a_{21}a_{33}+\text{sgn}\begin{pmatrix}1 & 2 & 3\\1 & 3 & 2\end{pmatrix}a_{11}a_{32}a_{23}.$$

这是把从各行各列中选出的一个个数字相乘,并在前面添上符号,再求出总和的思考方法.

现在,选择位于 1 行 2 列的数字 a_{12};接着是第 2 行,除去位于第 2 列的数字,在剩下的 a_{21} 和 a_{23} 中选择.如果选了 a_{21},在第 3 行中就得选与前两个不同的列,就是第 3 列的数 a_{33}.将这 3 个数字相乘,得到

$$a_{12}a_{21}a_{33}.$$

最后把所选择的行和列 12、21、33 按纵向排列得到置换 $\begin{pmatrix} 1 & 2 & 3 \\ 2 & 1 & 3 \end{pmatrix}$，这个置换的符号 sgn$\begin{pmatrix} 1 & 2 & 3 \\ 2 & 1 & 3 \end{pmatrix}$ 放在 $a_{11}a_{21}a_{33}$ 前面.

所有符号按照前面所述的判断方法,三阶行列式就变成

$$\begin{vmatrix} a_{11} & a_{12} & a_{13} \\ a_{21} & a_{22} & a_{23} \\ a_{31} & a_{32} & a_{33} \end{vmatrix} = a_{11}a_{22}a_{33} + a_{21}a_{32}a_{13} + a_{31}a_{12}a_{23}$$

$$- a_{13}a_{22}a_{31} - a_{12}a_{21}a_{33} - a_{11}a_{23}a_{32}.$$

这个三阶行列式其实并不难记,只要记住一个称为对角线法则,有些国家称此为萨鲁斯(Sarrus, P. F.)方法的速记方法就可以了(下图).

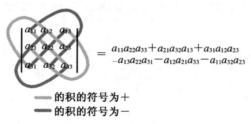

$$\begin{vmatrix} a_{11} & a_{12} & a_{13} \\ a_{21} & a_{22} & a_{23} \\ a_{31} & a_{32} & a_{33} \end{vmatrix} = \begin{array}{l} a_{11}a_{22}a_{33} + a_{21}a_{32}a_{13} + a_{31}a_{12}a_{23} \\ -a_{13}a_{22}a_{31} - a_{12}a_{21}a_{33} - a_{11}a_{32}a_{23} \end{array}$$

―――― 的积的符号为＋
―――― 的积的符号为－

另外,4 行 4 列构成的四阶行列式,由于考虑的是{1, 2, 3, 4}和 4 个数字的排列,就会有 4!($=24$) 种, 要记住这个确实不容易. 对于四阶以及四阶以上行列式的计算有必要充分利用行列式的性质.因此,无论多少,哪怕一丁点儿,记住行列式的性质也是相当必要的.

第 41 讲　δ_{ij}
数学上的节约开支

δ_{ij} 称为克罗内克符号.

δ_{ij} 指的是, $i = j$ 时等于 1, $i \neq j$ 时等于 0.

在计算物理和几何的量的过程中, 带有指标的文字会大量出现, 全部写出来的话, 是相当繁琐的, 能够简写是一件相当有意义的事. 克罗内克符号正是为了节约而使用的符号之一.

例如, 讨论两个矢量 $\boldsymbol{a} = (a, b, c)$ 和 $\boldsymbol{p} = (p, q, r)$ 的内积 $\boldsymbol{a} \cdot \boldsymbol{p}$.

两个矢量的内积是将它们各自对应的成分(坐标)的积相加后得到的值,

$$\boldsymbol{a} \cdot \boldsymbol{p} = ap + bq + cr.$$

这儿只考虑单位矢量. 对于单位矢量

$$\boldsymbol{e}_1 = (1, 0, 0), \, \boldsymbol{e}_2 = (0, 1, 0), \, \boldsymbol{e}_3 = (0, 0, 1),$$

它们的内积有

$$\boldsymbol{e}_1 \cdot \boldsymbol{e}_1 = 1, \quad \boldsymbol{e}_1 \cdot \boldsymbol{e}_2 = 0, \quad \boldsymbol{e}_1 \cdot \boldsymbol{e}_3 = 0,$$

等等, 将这些内积全部写出来共有 9 个式子. 如果有一种能够将它们一口气全表达出来的方法就好了. 使用 δ_{ij}, 一个式子就可以了.

$$\boldsymbol{e}_i \cdot \boldsymbol{e}_j = \delta_{ij}. \quad (i, j = 1, 2, 3)$$

有了 δ_{ij} 这个符号, 印刷上也变得非常节约了.

另一方面, 还不仅仅是节约的问题, δ_{ij} 的使用也为数学表达带来方便. 矩阵用行和列的形式来表示是相当占地方的, 为了避

免这种情况,可以写成

$$A = (a_{ij})\ (1 \leqslant i, j \leqslant n).$$

单位矩阵是指唯有对角线上是 1,其余都是 0 的矩阵. 例如,3 行 3 列的单位矩阵是

$$\begin{bmatrix} 1 & 0 & 0 \\ 0 & 1 & 0 \\ 0 & 0 & 1 \end{bmatrix}.$$

这个单位矩阵如用 E 来表示,就能写成

$$E = (\delta_{ij})\ (1 \leqslant i, j \leqslant n).$$

可怕的克罗内克叔叔

　　克罗内克(Kronecker)(1823~1891)出生在普鲁士(现在的德国和波兰)的一个富裕家庭,一生中大半部分时光是作为企业家度过的,1883 年才成为大学教授. 他被称为代数数论这一数学分支的建设者之一. 他喜爱整数,尤其是自然数,主张算术和解析学应该以整数为依据. 根据"上帝创造了整数,因此余下来的数都是人间的实际操作",他尝试着一种将一切还原为自然数的算术化. 并且,对于无法用有限的方法来处理的予以全部否决,不承认无理数的存在. 据说,他与集合论的创立者——康托尔的思考方法是截然相反的.

　　在日本的数学教育上,他有着极大的影响.

由于克罗内克在算数上不支持主张理论应用的折中主义,他把几何学上的研究和代数学上的研究排除在外,提倡只要给与人们重视日常计算的生活必备知识就足够的"计算主义"方法. 当时,这个方法由留学德国归来的藤泽利喜太郎带回日本,并反映在根据明治三十三年的小学校令施行规则而制定的教科指导中.

第 42 讲 $\begin{vmatrix} a & b \\ c & d \end{vmatrix}$
方程组的一次性解法

| |是行列式的符号,这个符号是 19 世纪的英国数学家凯莱(Cayley, A.)引入使用的. 最初,为了求解方程组,出现了行列式.

方程组这种形式自古巴比伦时代起就已为人所知. 在古代中国的《九章算术》(约公元 1 世纪)中,介绍了一种现在初中也学的消元法(减少未知数的数量)来解方程组. 也正是为了解方程,出现了正负数的使用. 但是,最初提及行列式这个方法的是莱布尼兹和日本江户时代的关孝和.

从文字上看,行列式指的是由位于行和列的数字计算出来的数值.

例如,

$$\begin{vmatrix} 1 & 2 \\ 3 & 4 \end{vmatrix}$$

被称为二阶行列式,计算方法是 $1 \cdot 4 - 2 \cdot 3 = -2$.

像这样的行列式由于只有一个数值,并且这个数值很简单就能被算出来,其实不使用这个符号也没关系. 然而,我们后面所要讲述的内容确实不能被简单地解答. 既然现在已提到了这个符号,就这么用着吧. 不仅如此,在求解的计算步骤中,这个符号的使用为计算提供了方便.

解一次方程组时,最简单的解法是利用行列式. 一旦中学生掌握了这个解法,就会放弃消元法和代入法,而使用这个更有能耐的公式.

例如,解方程组

$$\begin{cases} 2x + 3y = 1, \\ 4x + 5y = 2, \end{cases}$$

可以这样解:

$$x = \begin{vmatrix} 1 & 3 \\ 2 & 5 \end{vmatrix} \bigg/ \begin{vmatrix} 2 & 3 \\ 4 & 5 \end{vmatrix} = (1 \cdot 5 - 3 \cdot 2)/(2 \cdot 5 - 3 \cdot 4)$$

$$= 1/2,$$

$$y = \begin{vmatrix} 2 & 1 \\ 4 & 2 \end{vmatrix} \bigg/ \begin{vmatrix} 2 & 3 \\ 4 & 5 \end{vmatrix} = (2 \cdot 2 - 1 \cdot 4)/(2 \cdot 5 - 3 \cdot 4)$$

$$= 0.$$

一般来说,含有 n 个未知数的 n 个一次方程组,只要由各个系数构成的 n 阶行列式不是 0,就能参照上述二阶行列式,使用相同的方法求解. 这个公式现在被称为克莱姆法则. 克莱姆 (Cramér, G.) 是 18 世纪的瑞典数学家. 用刚才的例题来说明,系数构成的行列式是

$$\begin{vmatrix} 2 & 3 \\ 4 & 5 \end{vmatrix}. \qquad\qquad ①$$

用常数项(方程右边的数字)替换系数构成的行列式中 x 的系数,得到

$$\begin{vmatrix} 1 & 3 \\ 2 & 5 \end{vmatrix}. \qquad\qquad ②$$

由 $x = ②/①$ 得到 x 的值. y 的算法与此相同.

对于 n 元方程组,尽管未知数在增加,但原理不变,只是有一个必要条件,那就是由系数构成的行列式不能为 0(即分母不能为 0).

行列式只有在行数和列数相同的情况下才能被计算. 随着行数和列数的增加,行列式的计算也变得愈加困难. 为了简化计算,就需要有某一种算法,即根据行列式的性质,尽可能多地使各行各列化成 0,然后多次使用拉普拉斯想出来的行列式展开的计算方法. 拉普拉斯是 18 世纪法国数学家.

　　三阶行列式是莱布尼兹计算的,可以通过对下列具有不定解的一次方程组的分析来说明. 只是,莱布尼兹没有使用行列式符号,这儿按照目前的习惯利用行列式进行计算.

　　在方程组

$$\begin{cases} 10 + 11x + 12y = 0, \\ 20 + 21x + 22y = 0, \\ 30 + 31x + 32y = 0 \end{cases}$$

存在解的情况下,得到

$$\begin{vmatrix} 10 & 11 & 12 \\ 20 & 21 & 22 \\ 30 & 31 & 32 \end{vmatrix} = 10 \cdot 21 \cdot 32 + 11 \cdot 22 \cdot 30 + 12 \cdot 31 \cdot 20$$

$$- 12 \cdot 21 \cdot 30 - 11 \cdot 20 \cdot 32 - 10 \cdot 31 \cdot 22$$

$$= 0.$$

　　像这样的三阶行列式能够机械化计算(这个方法称作对角线法则,有些国家称为萨鲁斯方法). 但是,四阶以上的行列式至少有 4! = 24 项,要记住展开式是相当困难的. 这就意味着,运用克莱姆法则能够机械化笔算出具体解的一次方程组最多不超过 3 个未知数或最多由 3 个一次方程构成.

　　现在,人们不再停留在行列式和一次方程组有联系这个认识上.

　　其实,行列式与矢量的概念及其所表示图形的面积有着密切的联系.

　　譬如,平面上的两个矢量构成的平行四边形的面积可以用行列式来表示,空间内的三个矢量构成的平行六面体的体积也可用行列式来表示(详见第 55 讲).

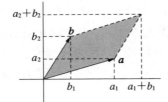

　　左图所示,矢量 $a = (a_1, a_2)$ 和 $b = (b_1, b_2)$ 构成的平行四边形

的面积是

$$(a_1 + b_1)(a_2 + b_2) - a_1 a_2 - b_1 b_2 - 2 a_2 b_1$$

$$= a_1 b_2 - a_2 b_1 = \begin{vmatrix} a_1 & a_2 \\ b_1 & b_2 \end{vmatrix}.$$

(因为面积是正值,正确的结果是行列式的值的绝对值)

确切地说,被称作行列式的概念比矩阵(在日本称为行列)概念出现得早. 经常见到学生把矩阵和行列式混为一谈,行列式是一个数值,而矩阵仅仅是行和列的一种表示.

在矩阵中,用的是 $\begin{bmatrix} & \\ & \end{bmatrix}$ 这样的符号:

$$\begin{bmatrix} 10 & 11 & 12 \\ 20 & 21 & 22 \\ 30 & 31 & 32 \end{bmatrix}.$$

另外,矩阵用阿拉伯字母的大写形式 $A, B, C, \cdots$,写成

$$A = \begin{bmatrix} 10 & 11 & 12 \\ 20 & 21 & 22 \\ 30 & 31 & 32 \end{bmatrix},$$

读作"矩阵 A 是……",并且可以用

$$A = (a_{ij}). \qquad (1 \leqslant i, j \leqslant n)$$

这样的矩阵简记形式. 当矩阵用 A 来表示时,行列式用 $|A|$ 来表示.

引入行列式(determinant)这个名词的是法国的柯西.

行列式的符号除了这儿所说的 $|A|$ 以外,还有 $\det A$.

第 43 讲　rank
　　　　在数学中也有贵贱之分吗?

rank 指的是秩. 我们知道矢量和矩阵有关, 另外, 独立矢量的个数、方程组的解的空间维数和解的存在与否等等也与此有关.

例如, 有下列一组方程组:

$$\begin{cases} 3x + 2y - 5z + 2w = 0, \\ 2x + 5y - 18z + 5w = 0, \\ 4x - y + 8z - w = 0, \end{cases}$$

将它写成

$$x \begin{pmatrix} 3 \\ 2 \\ 4 \end{pmatrix} + y \begin{pmatrix} 2 \\ 5 \\ -1 \end{pmatrix} + z \begin{pmatrix} -5 \\ -18 \\ 8 \end{pmatrix} + w \begin{pmatrix} 2 \\ 5 \\ -1 \end{pmatrix} = \begin{pmatrix} 0 \\ 0 \\ 0 \end{pmatrix}. \tag{1}$$

这里把

$$\begin{pmatrix} 3 \\ 2 \\ 4 \end{pmatrix}, \begin{pmatrix} 2 \\ 5 \\ -1 \end{pmatrix}, \begin{pmatrix} -5 \\ -18 \\ 8 \end{pmatrix}, \begin{pmatrix} 2 \\ 5 \\ -1 \end{pmatrix}$$

看作矢量, 那么, 解方程组就是寻找一种能使这些矢量在和相对应的数 x, y, z, w 相乘后, 各自积的和成为零矢量的过程.

现在, 这些矢量分别用 a, b, c, d 表示, 零矢量是 0, 应该满足的等式是

$$xa + yb + zc + wd = 0.$$

这时, 观察一下由系数构成的矢量 a, b, c, d, 就会发现 b 和 d 之间存在 $b = d$ 的关系. 因此, 上面的方程变成

$$xa + yb + zc + wd = xa + (y + w)b + zc,$$

得到一个要求解系数是 a,b,c 的方程.

接着,观察矢量 a,b,c ,它们之间不存在俩俩成倍的关系,但存在 c 与 a,b 的关系: $c = a - 4b$. 由此得到,

$$xa + yb + zc + wd = xa + (y+w)b + zc$$
$$= xa + (y+w)b + z(a - 4b)$$
$$= (x+z)a + (y - 4z + w)b.$$

最初的方程最后变成解系数是 a 和 b 的方程.

这样一来,最大的好处在于使方程渐渐变短了.

现在, a 和 b 之间已经不存在一方是另一方的倍数关系,方程也就没法变得更短了. 设

$$X = x + z, \quad Y = y - 4z + w,$$

得到一个含有两个未知数的方程,

$$Xa + Yb = 0.$$

求解这个方程,就会得到 $X = 0, Y = 0$. 只要赋予 z, w 一个适当的常数,由

$$x = -z, \quad y = 4z - w$$

就能得到解. 然而,由于 z, w 是任意常数,会出现无数个解. 因此,像这种形式的解是不定解.

另一方面,在两个矢量中,存在一个矢量是另一个矢量的倍数关系 $b = ka$ 时,这两个矢量 a, b 称为线性相关. 并且,当 m, n 同时不为零时,有 $a = mb + nc$,这三个矢量 a, b, c 也称为线性相关. 那么,最后就只剩下一些不存在这种关系的矢量,它们被称为线性无关.

rank 是 a, b, c, d 中线性无关矢量的最多值. 上面的例子中, a 和 b 是线性无关的,那么 $\{a, b, c, d\}$ 的 rank 是 2,写成 rank$(a, b, c, d) = 2$.

相反地,无论是用何种方法,如果一开始就知道 rank 是 2,只

要解例题中所说的含有两个未知数的方程就可以了. 所谓的未知数是指和线性无关矢量有关的未知数. 在这道例题中, 指的是 x 和 y. 因此, 一开始就把 z 和 w 作为不定常数求解就可以了.

实际上, 这个 rank 的计算方法和解方程组的算法是相同的. 在计算 rank 值的同时, 也对方程组求了解. 这个过程可以通过矩阵来进行.

（1）用矩阵表示, 写成

$$\begin{pmatrix} 3 & 2 & -5 & 2 \\ 2 & 5 & -18 & 5 \\ 4 & -1 & 8 & -1 \end{pmatrix} \begin{pmatrix} x \\ y \\ z \\ w \end{pmatrix} = \begin{pmatrix} 0 \\ 0 \\ 0 \end{pmatrix}. \tag{2}$$

现在, 采用下述矩阵的行的初等变换,

$$\begin{pmatrix} 3 & 2 & -5 & 2 & 0 \\ 2 & 5 & -18 & 5 & 0 \\ 4 & -1 & 8 & -1 & 0 \end{pmatrix}.$$

行的初等变换其实是方程组的求解步骤:

① 将某行扩大几倍（某方程全体扩大几倍）;

② 将某行扩大几倍, 且与其他的行相加（某方程全体扩大几倍, 且与其他方程相加）;

③ 两行互换位置（组成方程组的方程之间的顺序改变）.

计算

$$\begin{pmatrix} 3 & 2 & -5 & 2 & 0 \\ 2 & 5 & -18 & 5 & 0 \\ 4 & -1 & 8 & -1 & 0 \end{pmatrix}$$

时, 由于最后一列全是 0, 按①~③的步骤计算时, 这最后一列不会发生任何变化. 因而, 可以采用下列矩阵, 这个被称为系数矩阵,

$$\begin{pmatrix} 3 & 2 & -5 & 2 \\ 2 & 5 & -18 & 5 \\ 4 & -1 & 8 & -1 \end{pmatrix}.$$

第 2 行乘上 -1 后加到第 1 行，

$$\begin{pmatrix} 1 & -3 & 13 & -3 \\ 2 & 5 & -18 & 5 \\ 4 & -1 & 8 & -1 \end{pmatrix},$$

第 1 行乘上 -2 后加到第 2 行，第 1 行乘上 -4 后加到第 3 行，

$$\begin{pmatrix} 1 & -3 & 13 & -3 \\ 0 & 11 & -44 & 11 \\ 0 & 11 & -44 & 11 \end{pmatrix},$$

第 2 行和第 3 行分别除以 11，

$$\begin{pmatrix} 1 & -3 & 13 & -3 \\ 0 & 1 & -4 & 1 \\ 0 & 1 & -4 & 1 \end{pmatrix},$$

第 2 行乘上 -1 加到第 3 行，

$$\begin{pmatrix} 1 & -3 & 13 & -3 \\ 0 & 1 & -4 & 1 \\ 0 & 0 & 0 & 0 \end{pmatrix},$$

第 2 行乘上 3 加到第 1 行，

$$\begin{pmatrix} 1 & 0 & 1 & 0 \\ 0 & 1 & -4 & 1 \\ 0 & 0 & 0 & 0 \end{pmatrix}.$$

　　行的初等变换仅仅是方程组的变形，现在只要解出这最后一个矩阵所对应的两个方程就行了.

　　也就是如下的形式，

$$\begin{cases} x + z = 0, \\ y - 4z + w = 0. \end{cases}$$

　　其实，求解最初的那个方程组与求解最后的这个方程组是一

回事,因为在 rank 上没有发生变化.现在,看一下这最后的矩阵,可以发现第 3 列的矢量＝(第 1 列的矢量)＋(−4)(第 2 列的矢量),第 4 列的矢量＝第 2 列的矢量,由于第 1 列和第 2 列的矢量是线性无关的,就可以说 rank 是 2.

简单地说,在最后的矩阵中,对角线上是 1 的个数就是 rank 的值.

$$\begin{pmatrix} 1 & 0 & 1 & 0 \\ 0 & 1 & -4 & 1 \\ 0 & 0 & 0 & 0 \end{pmatrix}.$$

像这样的一次方程组,即使是一般性的分析,也有必要使用到矩阵的知识.正是基于这一点,英国的西尔维斯特(Sylvester, J. J.)想到了矩阵和秩的概念,以凯莱·哈密顿定理闻名的凯莱完成了这个理论的代数化.这都是发生在 19 世纪的事.

矢量的线性无关和线性相关的判定是大家所说的线性代数中的基础部分.矢量的线性无关和线性相关的说法来自对一次方程组的讨论,也有人说线性代数是一次方程组的理论.经济学上使用的线性规划法恰恰是一次方程组和一次不等式组的内容,没有线性代数,它们也就不存在了.

可见,所谓的"我是文科生,不用学数学"是错误的.

第 44 讲 dim
探索 4 维

dim 是 dimension 的缩略语,表示"维或维数". 在数学中,存在次(数)和维(数)两种用法,经常引起混乱. 次数是英语 degree 的译语,维数是 dimension 的译语.

一般的,dim 是表示空间范围的指标,通常是 0 和其他正整数的值. 我们所生活的空间是三维的,这个空间用 X 表示,写成

$$\dim X = 3.$$

这时,3 是纵、横、高三个方向的延伸状态的表现.

那就是说,只要有三个独立变量 x、y、z,X 空间内的任意一点就能被表现出来. 只要有了这三个变量就足够了. 如果用 Y 来代表纸上的世界,Y 上的任何一点仅通过纵、横就能表现,这称为二维,写成

$$\dim Y = 2.$$

那么,四维世界又是什么模样呢? 这其实是一回事. 某个空间 Z 内的点通过 4 个独立变量 x, y, z, w 来表现. 在有这四个变量就足够的条件下,得到

$$\dim Z = 4.$$

可能有人会问,在现实生活中存在这样的世界吗? 我们可以用 4 个未知变量 x, y, z, w 组成的一次方程组来构想这个四维世界. 如果它们中任何一个都是独立的,那么就是一个实实在在的四维空间. 假如本质上的变量只是 x, y 的话,就构成一个四维空间内的二维.

例如,家庭账本中有许多栏目. 现在假设教育费、服装费、医

疗费、伙食费这四项占据了家庭收支的主要部分,每个家庭的收支紧紧围绕着这四项,就能把每个家庭的收支看成是四维空间中

的一点. 我们所说的空间假如局限于我们所居住的这个空间,让我们在这基础之上来寻找四维空间,那么,不管怎样当你想到用 4 个独立的变量来表示某一样东西时,你就自然而然地进入了四维空间.

一般地,由 n 个实数构成的有序组 $(x_1, x_2, x_3, \cdots, x_n)$ 表示的元素的集合用 R^n 表示. 这样,这个 R^n 中的任意一点是通过这 n 有序实数组来表示的,所以称为 n 维.

另外,次数(degree)这一说法是用在方程式等方面.

未知数(或变量)是 x 时,方程 $2x+3=0$ 称作一次方程,这是由于把方程内的未知数(或变量)x 的重复出现的次数作为次数来看. 因此,$x^2+x+1=0$ 中,x 的重复出现最多的是 x^2,这个方程就称为二次方程.

在符号代数发明以前的年代里,由于认为次数和维数是一致的,使一切变得极其麻烦.

考虑到 x 是一维的量(长度),x^2 是二维的量(面积),x^3 是三维的量(立体的体积),引出了关于方程 $x^2+x+1=0$ 是面积和长度之和的探讨,进入了不得不慎重对待方程式计算的时代.

符号代数开始于 16 世纪法国的韦达. 韦达使用字母表示未知数,当然还有任意数. 事实上,在韦达之前,代数上大部分是用语言来表达的,被称为语言的代数(修辞代数). 连韦达都没有把次数和维数从咒语的魔法中解放出来.

过了很久,笛卡尔认为没有必要去思考刚才所说的面积和长度的相加. 现在的初中生和高中生就没有这方面的担忧了,运用字母表达式流畅的解题. 与那个时代相比,每个人都可以说是非常精通数学的人.

　　但是,维数不超过它的对象本身理应具有的某些尺度,因此没有必要非整数不可.

　　在大范围的情况下,是整数值.但如同分形似的图形(指整体中的任何一部分都与该整体呈相似的图形),为了表示它的复杂性,相似维数通常会采用非整数值.

　　想象一个图形是来自整体缩小 $1/n$ 后得到的相似的 n^d 个图形时,d 就称为相似维数.

　　例如,下图的曲线被称为科赫曲线(Koch, H. von.),它是表现雪的结晶状或积雨云式图形的曲线.把它整体缩小 $1/3$ 后就得到 4 个图形,那么 $3^d = 4$,得到

$$维数\ d = \log_3^4 = 1.2618.$$

不过,人们也是在最近才发现这种非整数值的维数也具有意义.

科赫曲线

　　是谁在这儿唠唠叨叨呢? 在这儿说了深入浅出的话的人是……

第 45 讲　Im，Ker
全部由 0 支配

来，笑一个！

　　Im 是 image，也就是代表"象（象点）"的符号．Ker 是 kernel，也就是代表"核"的符号．关于这个，单凭三言两语是说不清的，让我们举个简单的例子来说明．

　　$f(x) = \sin x$ 是实变函数．为了强调 f 是 R 到 R 的对应（或者映射），可以写成 $f:R \to R$．左边的 R 称为定义域，而右边的 R 称为值域．

　　当定义域的 R 是在 f 下被映射时，想一下值域 R 会是什么样的集合？

　　如果把 f 喻作照相机，定义域是被照景物，值域是胶卷，那么我们认为映射就是用这台照相机 f，把这个被照景物与在胶卷上形成的一个图像相结合．通过 f 形成的象记作 $\mathrm{Im}f$，也可以写成 $f(R)$，即

$$\mathrm{Im}f = \{f(x) \mid x \in \mathbf{R}\}$$
$$= \{\sin x \mid x \in \mathbf{R}\}.$$

在这个例子中，很明显地，f 的象在 $[-1, 1]$ 区间内，

$$\mathrm{Im}f = \{\sin x \mid x \in \mathbf{R}\} = [-1, 1].$$

　　让我们换一个角度，从胶卷出发，思考一下胶卷上的 0（零）点处被拍下的被照景物的位置在哪里，这被称为 f 的核，用 $\mathrm{Ker}f$ 表示．即

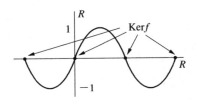

$$\mathrm{Ker}f = \{x \mid f(x) = \sin x = 0\}.$$

$\mathrm{Ker}f$ 也可以写成 $f^{-1}(\{0\})$. $\{0\}$（看作集合）的原象也称为逆象.

这儿

$$\mathrm{Ker}f = f^{-1}(\{0\}) = \{\pm n\pi\} \quad (n = 0, 1, 2, 3, \cdots).$$

在小学和初中阶段，只要了解数和数之间的关系就足够了. 到了高中和大学，更重要的是比数高一个层次的概念——矢量. 事实上，在物理、工学和经济学中，没有矢量的概念，寸步难行. 为此，一进入

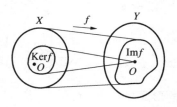

大学，就开始学习与矢量有关的线性代数. 在这个线性代数中出现了 Im 和 Ker.

矢量空间（线性空间）是矢量的集合. 矢量定义了被称为加法以及数乘的运算. 当这种运算在一定条件下被满足时，就称为矢量空间（多数表现为在运算下是封闭的）.

现在，有两个矢量空间 V 和 W，来看一下由 V 到 W 的对应（映射）. V 也好，W 也好，都具有加法和数乘的运算. 因此，这儿所说的对应不再是单纯意义上的对应，自然而然地考虑的是保证这些运算的对应，像这样的对应称为线性映射. 下述的(1)、(2)称为 f 的线性.

$$f: V \to W$$

(1) $f(x + y) = f(x) + f(y)$；　（保证加法运算）

(2) $f(kx) = kf(x)$. 　（保证数乘，k 是实数或复数）

由这个定义出发，判定 $f(x) = \sin x$ 不具有线性.

虽然，$f(x) = ax$（a 是常数）是线性的，但 $f(x) = ax + b(b \neq 0)$ 却不是线性的.

如此说来，线性具有表现比例现象的基本性质. 通俗地说，具有原料增加 2 倍，成品增大 2 倍的性质. 它是最基本的、最有用的

映射.

在下列方程组

$$\begin{cases} x + 2y + z = 0, \\ 2x - y + 3z = 0, \\ 3x + y + 4z = 0 \end{cases}$$

中,以矩阵

$$A = \begin{pmatrix} 1 & 2 & 1 \\ 2 & -1 & 3 \\ 3 & 1 & 4 \end{pmatrix}$$

的形式来考虑, $f: R^3 \to R^3$ 是

$$f(\boldsymbol{x}) = A(\boldsymbol{x}), \quad \boldsymbol{x} = \begin{pmatrix} x \\ y \\ z \end{pmatrix},$$

f 变成线性映射. $f(\boldsymbol{x}) = A(\boldsymbol{x})$ 中, A 如果是一行一列的矩阵,由于 A 是单纯的数,就有 $f(\boldsymbol{x}) = a(\boldsymbol{x})$ 的形式,可以把它看成矩阵模式.

另外,对上面的方程组求解相当于计算 $f(\boldsymbol{x}) = \boldsymbol{0}$ 时的矢量 $\boldsymbol{x}$,也就是计算 $\mathrm{Ker}f$. 总之, $\mathrm{Ker}f$ 是这个方程组的解的集合.

当 $\mathrm{Ker}f$ 是矢量空间时,它会成为多么大的矢量空间呢? 只要算出它的维数就明白了. 计算时,需要下列维数公式.

> **维数公式**
>
> 对于 $f: V \to W$ 形成的线性映射 f, $\mathrm{Im}f$ 与 $\mathrm{Ker}f$ 构成各自的矢量空间,下列被称为维数公式的关系成立.
>
> $$\dim V = \dim(\mathrm{Ker}f) + \dim(\mathrm{Im}f) \qquad (维数公式).$$

根据维数公式,这儿得到

$$\dim(\mathrm{Ker}f) = \dim R^3 - \dim(\mathrm{Im}f)$$

$$= 3 - \dim(\mathrm{Im} f).$$

并且,由于知道 $\dim(\mathrm{Im} f)$ 是矩阵 A 的 rank(秩),那么

$$\dim(\mathrm{Ker} f) = 3 - \mathrm{rank} A,$$

$\mathrm{Ker} f$ 的维数就能计算了.

rank 是矩阵 A 的线性无关的列矢量的最大值(详见第 43 讲). 在这题中,由 $\mathrm{rank} A = 2$,得到 $\dim(\mathrm{Ker} f) = 1$.

可见,这个方程组的解所在的空间是一维的,也就是直线. 难怪只要在某个已得到的矢量上,扩大任意的实数倍,就能得到全体解. 我们没有必要算出具体的一个一个的解,因为找到了解的形成结构,这就是数学的伟大之处.

在这道例题中,具体的 $\mathrm{Ker} f$ 是

$$\mathrm{Ker} f = \{t(-7, 1, 5) \mid t \text{ 是任意实数}\}.$$

从这儿,我们可以看到 $\mathrm{Ker} f$、$\mathrm{Im} f$ 和方程组的讨论有着密切的联系. 而且,$\mathrm{Ker} f$ 和 $\mathrm{Im} f$ 的维数计算最终被归结到矩阵计算. 也难怪有人说矩阵(matrix)是千变万化的,居然连好莱坞都使用 matrix 作为片名呢,真是数学的荣幸.

第46讲 ${}^tA$，A^*，$\mathrm{tr}A$
外形亮丽且相当贵重

它们表示的是与矩阵 A 有关的计算及其结果.

A^t 和 ${}^tA$ 都是表示转置(transposed)矩阵. 转置是指矩阵 A 的行与列的互换. 用转置的英文名字首写字母 t 来表示转置. 并且你可以按照自己的喜好,把 t 作为右上标或左上标. 一旦你决定了 t 的位置,最好将它保持到最后. 中途改变的话,会造成不必要的麻烦. 一会儿左,一会儿右的,没长性可不好哟.

有一个矩阵

$$A = \begin{pmatrix} 3 & 1 & 2 & 1 \\ 1 & 0 & 0 & 1 \\ 4 & 1 & 3 & 2 \end{pmatrix},$$

它的转置矩阵是

$${}^tA = A^t = \begin{pmatrix} 3 & 1 & 4 \\ 1 & 0 & 1 \\ 2 & 0 & 3 \\ 1 & 1 & 2 \end{pmatrix}.$$

如果,仅仅是为了表现这个结果,就没有必要一个一个地使用这样的符号. 然而,不单单是表示结果,作为一种称为 $t: A \to {}^tA$ 的操作,使用它会比较便利.

现在,由定义出发,得到

$${}^t(AB) = {}^tB\,{}^tA,$$

它指的是矩阵的积进行转置等于 B 的转置矩阵和 A 的转置矩阵相乘的积. 采用这个符号能够简单明了地说明转置的性质. 其他

还有

$$'(A+B) = 'A + 'B, \qquad '('A) = A,$$

等等.

值得一提的是,满足 $A = 'A$ 的矩阵 A 是重要矩阵中的一员——对称矩阵. 对称性是自然现象和物质所体现出来的显著特征,在数学上,我们很容易表现它. 这句话的意思是在数学范围内,对称性具有优美绚丽的性质.

例如,下面这个二次式写成对称矩阵的形式是

$$x^2 + y^2 + 4z^2 + 2xy + 4yz + 4zx$$

$$= (x \quad y \quad z) \begin{pmatrix} 1 & 1 & 2 \\ 1 & 1 & 2 \\ 2 & 2 & 4 \end{pmatrix} \begin{pmatrix} x \\ y \\ z \end{pmatrix}. \tag{1}$$

像这种类型的方阵是对称矩阵,其特点是:以主对角线为轴形成对称. 位于主对角线上的 $1,1,4$ 称为主对角线的元素.

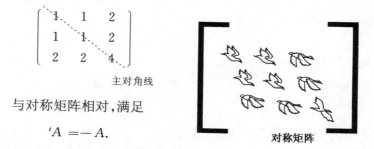

主对角线

与对称矩阵相对,满足

$$'A = -A.$$

对称矩阵

的方阵称为反对称矩阵,主对角线的元素都是 0. 实际上,任何方阵 X 都可分解成一个对称矩阵 A 与一个反对称矩阵 B 之和,即

$$X = A + B.$$

在矩阵中还有一个重要的概念,它就是特征值. 特征值仅仅适用于行数与列数相同的方阵范围内,可以认为是表示矩阵特性的一个重要数值.

让我们来算一下

$$A = \begin{pmatrix} 1 & 1 & 2 \\ 1 & 1 & 2 \\ 2 & 2 & 4 \end{pmatrix}$$

的特征值.

　　所谓特征值是指以 λ 作为未知数,对关于 λ 的方程

$$\det(A - \lambda E) = 0 \quad (\det 是行列式的符号)$$

求解.

　　由

$$A - \lambda E = \begin{pmatrix} 1 & 1 & 2 \\ 1 & 1 & 2 \\ 2 & 2 & 4 \end{pmatrix} - \lambda \begin{pmatrix} 1 & 0 & 0 \\ 0 & 1 & 0 \\ 0 & 0 & 1 \end{pmatrix}$$

$$= \begin{pmatrix} 1-\lambda & 1 & 2 \\ 1 & 1-\lambda & 2 \\ 2 & 2 & 4-\lambda \end{pmatrix}$$

得到

$$\det(A - \lambda E) = \begin{vmatrix} 1-\lambda & 1 & 2 \\ 1 & 1-\lambda & 2 \\ 2 & 2 & 4-\lambda \end{vmatrix}$$

$$= -\lambda^2(\lambda - 6) = 0.$$

　　因此,特征值是 0(重根)和 6.

　　假如你看过有关线性代数的书,你就会发现通过某种方法,可以得到一个正交矩阵 $\boldsymbol{P}$,${}^t PAP$ 的结果是在主对角线上排列着矩阵 A 的特征值 $0,0,6$,得到下列矩阵. 正交矩阵是指能满足 ${}^t PP = P{}^t P = E$(单位矩阵)的矩阵 P.

$${}^t PAP = \begin{pmatrix} 0 & 0 & 0 \\ 0 & 0 & 0 \\ 0 & 0 & 6 \end{pmatrix}. \quad (对角线上的 0, 0, 6 是特征值)$$

这样,对称矩阵随时随地可以变换成对角矩阵(主对角线以外的元素都是零).

一般的矩阵不一定都能得到这种形式.也因此,对称矩阵才被视作贵重的宝物.让我们省略繁琐的细节,通过 $(u, v, w) = (x, y, z)P$,采用新的变量 (u, v, w) 重写最早的那个二次式 (1),摇身一变,得到一个更简单的式子 $6w^2$.显然,它是来自正身 (1) 的,

$$(u \quad v \quad w) \begin{pmatrix} 0 & 0 & 0 \\ 0 & 0 & 0 \\ 0 & 0 & 6 \end{pmatrix} \begin{pmatrix} u \\ v \\ w \end{pmatrix} = 6w^2.$$

另外,在物理和工学中,依靠复数的范围十分广泛.在以复数作为元素的矩阵中,用符号 $*$ 代替 t,写出下列矩阵: $A^* = {}'\overline{A} = \overline{{}'A}$ (符号 $^-$ 代表共轭复数).因此,假如矩阵 A 的各行各列都是实数,那么就有 $A^* = {}'A$.例如:

当 $A = \begin{pmatrix} 1+i & i & 0 \\ 0 & -i & 2 \\ 3 & 2i & 4i \end{pmatrix}$ 时,

得到 $A^* = \begin{pmatrix} \overline{1+i} & \overline{0} & \overline{3} \\ \overline{i} & \overline{-i} & \overline{2i} \\ \overline{0} & \overline{2} & \overline{4i} \end{pmatrix} = \begin{pmatrix} 1-i & 0 & 3 \\ -i & i & -2i \\ 0 & 2 & -4i \end{pmatrix}.$

满足 $A^* = A$ 的方阵称为埃尔米特矩阵,它具有与对称矩阵大致相同的性质(埃尔米特是 19 世纪法国的数学家,以证明 e 是超越数而闻名).它的特征值都是实数,并且能够用适当的酉(U)矩阵进行对角化.酉矩阵是正交矩阵的复数版本,是满足 $P^* P = PP^* = E$ 的方阵 P.

还有,满足 $AA^* = A^* A$ 的矩阵称为正规矩阵.我们已经知道,复数矩阵通过一定的酉矩阵达到对角化的充要条件是这个复数矩阵是正规矩阵(托普利兹定理).

另外,写成 TrA 或 tr$A$ 的符号称为 A 的迹(trace),是方阵 A

的主对角线上的各个元素之和. 例如, 对于方阵

$$A = \begin{pmatrix} 1 & 2 & -3 \\ 3 & -5 & 4 \\ 2 & 6 & 7 \end{pmatrix},$$

它的迹 $\mathrm{Tr}A = 1 + (-5) + 7 = 3$.

迹具有以下性质:

$$\mathrm{Tr}'A = \mathrm{Tr}A, \quad \mathrm{Tr}kA = k\mathrm{Tr}A,$$

$$\mathrm{Tr}(A + B) = \mathrm{Tr}A + \mathrm{Tr}B,$$

$$\mathrm{Tr}AB = \mathrm{Tr}BA.$$

P 如果是正交矩阵, 那么 $\mathrm{Tr}('PAP) = \mathrm{Tr}(A)$. 可见, 对称矩阵的迹等于特征值的和.

这一点暗示我们, 迹作为一种显示标志, 体现出通过矩阵显示的现象特征.

譬如, 可以用迹来判断一个矩阵 A 是不是正规矩阵.

下面这个判定法称为舒尔定理.

判断 A 是 n 阶正规矩阵的充要条件是:

$$\mathrm{Tr}A^*A = |\lambda_1|^2 + |\lambda_2|^2 + |\lambda_3|^2 + \cdots + |\lambda_n|^2.$$

其中, $\lambda_1, \lambda_2, \lambda_3, \cdots, \lambda_n$ 是 A 的特征值. 舒尔 (Schur, I.) 是 20 世纪初的德国数学家.

第 47 讲　$\rightarrow$, $(x_1, x_2, \cdots, x_n)$ 矢量是何方人物？

　　一对实数(a, b)或者一组n有序实数组$(x_1, x_2, x_3, \cdots, x_n)$都是表示矢量. n有序实数组$(x_1, x_2, x_3, \cdots, x_n)$的集合写成$R^n$. $(x_1, x_2, x_3, \cdots, x_n)$是$n$维数矢量,或简称数矢量.

　　但是,人们经历了相当漫长的一段过程之后,才认识到可以通过这种实数组的形式来研究矢量.

　　说起来矢量只是具有大小和方向的量. 某个质点,它的位置由P变到Q时,可以附上箭头表示位移,写成：

$$\overrightarrow{PQ}$$

来表示有向线段. 这个质点再由Q移到R时,它的位移就是$\overrightarrow{QR}$. 经历这两次移动后,它的最终位移是$\overrightarrow{PR}$,记作$\overrightarrow{PQ}+\overrightarrow{QR}=\overrightarrow{PR}$,称为矢量的加法.

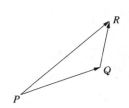

　　矢量中,长度和方向是问题的关键,至于点的位置如何是无关紧要的. 因此,可以认为大小相同、方向一致的两个矢量是相等的.

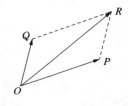

　　以点O为起点,做两个矢量$\overrightarrow{OP}$和$\overrightarrow{OQ}$,它的加法运算$\overrightarrow{OP}+\overrightarrow{OQ}$是$\overrightarrow{OP}+\overrightarrow{OQ}=\overrightarrow{OR}$,其中的点$R$是构成平行四边形的四个顶点$O$、$P$、$Q$、$R$中的点$R$,这称为平行四边形法则. 一般的,赋予大小和方向的量,只要能满足这个平行四边形法则,就称为矢量.

　　为了表示矢量,在上面画上一条线. 这种符号开始于 18 世纪,由法国的卡诺(Carnot,L. N. M.)首创.他研究了带有各种方向的有向线段,切实地进行了矢量运算.最初,矢量的概念是为了计算带有方向的线段而出现的.16世纪到17世纪,达·芬奇和伽利略等人为了在感官上表现力,使用了有向线段.在讨论斜面上物体的运动、分解力的成分时,发现了平行四边形法则,这个发现者是荷兰的斯蒂文.

　　开普勒也想到了有向线段.但是,在那个时代,还没有想到矢量,包括物理学上的矢量概念.之后,丹麦的帕斯卡尔·威塞尔构筑了平面上的矢量运算.以改进测量学上的测量技术为目的,他想到对带有大小和方向的线段进行代数意义上的计算.在此基础上,他还观察了空间的矢量,引进并应用了实际测量中必备的球面三角公式.这些成就诞生在18世纪后半叶.

　　现在使用的几何量$\overrightarrow{AB}$(矢量 **AB**)被用来表示这条线段的两个端点之间的差开始于19世纪的德国数学家莫比乌斯(Möbius,A. F.).也正是在这个充分认识到力学以及物理学等的必要性的19世纪孕育了当今的矢量形式.

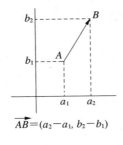

$$\overrightarrow{AB}=(a_2-a_1,\ b_2-b_1)$$

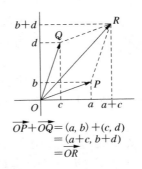

$$\begin{aligned}\overrightarrow{OP}+\overrightarrow{OQ}&=(a,b)+(c,d)\\&=(a+c,\ b+d)\\&=\overrightarrow{OR}\end{aligned}$$

　　当初,有向线段是几何学上的一种表现方法,并且矢量也是作为几何学上的一种表现方法.矢量以平面上的一对实数(a,b)的形式来表现,具有称为加法和数乘的矢量代数算法.就是说,矢量与数一样能够被计算.加法是$(a,b)+(c,d)=(a+c,b+d)$.矢量扩大几倍的运算称为数乘,即$k\cdot(a,b)=(ka,kb)$,可以像数一样进行计算.

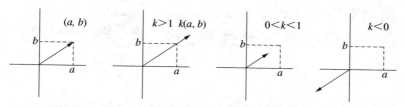

矢量扩大 k 倍存在三种情况，$k > 1$ 时，这条有向线段伸长 k 倍；$0 < k < 1$ 时，则缩短 k 倍；而 $k < 0$ 时，有向线段伸缩 k 倍，但方向与原来的相反. 所对应的运算是 $k \cdot (a, b) = (ka, kb)$.

矢量代数算法并不局限在平面上.

代表 n 有序实数组的 $(x_1, x_2, x_3, \cdots, x_n)$ 进行加法和数乘时，考虑到它是表现 n 维空间的有向线段，能够采用与平面上的矢量完全相同的方法来计算. 这个 n 有序实数组形成的集合 R^n 称为 n 维矢量空间. 因此，讨论矢量以及矢量空间（也称线性空间）的数学称为线性代数.

以有向线段为出发点的矢量，通过几何意义上的运算而进行代数运算的实质，使其成为一种算术化了的有力工具.

19 世纪初期，瑞士数学家阿尔甘想出了复数的矢量表示法. 哈密顿和格拉斯曼（Grassman, H. G.）等人发展了矢量代数和矢量解析，使矢量成为物理学和工学中当仁不让的数学工具. 完成矢量解析的人是在电磁学上取得显著成就的麦克斯韦尔（Maxwell, J. C.）. 矢量解析也被称为 19 世纪的应用数学.

第 48 讲 $|x|$，$||x||$
圆难道不是球形的？

怎么看到的圆形状不一样呢？

这两个符号不是叫作绝对值，就是叫作模(德语 Norm，译作"标准")．在初中，学习负数以后，出现了绝对值的符号| |．在数轴上，绝对值表示由原点 O 出发的距离．因此，既有 $|-3| = 3$，也有 $|3| = 3$．

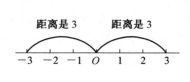

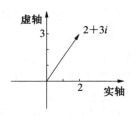

在复数的情况下，平面上所对应的点到原点的距离是怎样的呢？例如，$2+3i$ 是在复平面(高斯平面)上的一点，可以把这点与点 $(2, 3)$ 看成是同一点．运用毕达哥拉斯定理计算它与原点之间的距离，得到 $\sqrt{2^2 + 3^2} = \sqrt{13}$．采用与实数情况下相同的符号，记作 $|2+3i|$．使用这个符号的人是 19 世纪的德国数学家魏尔施特拉斯．完整地写成：$|2+3i| = \sqrt{13}$．魏尔施特拉斯称它为绝对值．后来，高斯命名它为模．

与此相同地，假设有一个平面矢量 $\boldsymbol{x} = (x_1, x_2)$，计算从原点出发到该点 (x_1, x_2) 的距离也是运用毕达哥拉斯定理，记作 $\sqrt{x_1^2 + x_2^2}$．我们称它为矢量 $\boldsymbol{x}$ 的模，记作 $||\boldsymbol{x}||$．* 矢量的长度是

$$||\boldsymbol{x}|| = \sqrt{x_1^2 + x_2^2}.$$

以此类推，对于一个空间矢量 $\boldsymbol{x} = (x_1, x_2, x_3)$，再次运用毕达哥拉斯定理计算原点和该点 (x_1, x_2, x_3) 之间的距离，得到

$$||\boldsymbol{x}||=\sqrt{x_1^2+x_2^2+x_3^2}.$$

最终，推导出矢量 $\boldsymbol{x}=(x_1,\ x_2,$ $x_3,\ \cdots,\ x_n)$ 的长度是

$$||\boldsymbol{x}||=\sqrt{x_1^2+x_2^2+x_3^2+\cdots+x_n^2}.$$

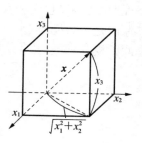

像这种运用毕达哥拉斯定理计算出来的模称为欧氏模.

这个模和前面提到的绝对值具有以下性质：

(1) $||\boldsymbol{x}||\geqslant 0$，$||\boldsymbol{x}||=0$ 的充要条件是 $\boldsymbol{x}=\boldsymbol{0}$；（正定性）

(2) k 是实数时，$||k\boldsymbol{x}||=|k|\ ||\boldsymbol{x}||$；（也适合于复数的情况）

(3) $||\boldsymbol{x}+\boldsymbol{y}||\leqslant ||\boldsymbol{x}||+||\boldsymbol{y}||$.（三角不等式）

一般地，矢量 $\boldsymbol{x}$ 在满足(1)~(3)条件下，定义 $||\ ||$ 时，称 $||\boldsymbol{x}||$ 为 $\boldsymbol{x}$ 的模. 定义模的矢量空间称为模空间. 在模空间中，重要的是被称为巴拿赫空间(Banach, S.)或希尔伯特空间的空间，它们都是无限维的空间.

并不是说模仅仅只有这一种，只要满足模的条件，它的形式可以是多种多样的. 实际上，对于 n 维数矢量 $(x_1,\ x_2,\ x_3,\ \cdots,\ x_n)$ 来说，除了欧氏模以外，还有：

(a) $||\boldsymbol{x}||=\max\{|x_1|,\ |x_2|,\ |x_3|,\ \cdots,\ |x_n|\}$；（括弧中最大的一项）

(b) $||\boldsymbol{x}||=|x_1|+|x_2|+|x_3|+\cdots+|x_n|$；

(c) $||\boldsymbol{x}||=(|x_1|^p+|x_2|^p+|x_3|^p+\cdots+|x_n|^p)^{1/p}$.

通过模，可以用 $||\boldsymbol{x}-\boldsymbol{y}||$ 定义两个元素 $\boldsymbol{x},\boldsymbol{y}$ 之间的距离. $\boldsymbol{x}$ 和 $\boldsymbol{y}$ 之间的距离(distance)记作 $\mathrm{d}(\boldsymbol{x},\ \boldsymbol{y})$，写成

$$\mathrm{d}(\boldsymbol{x},\ \boldsymbol{y})=||\boldsymbol{x}-\boldsymbol{y}||.\qquad\text{［详见有关 }\mathrm{d}(\boldsymbol{x},\ \boldsymbol{y})\text{ 的 51 讲］}$$

在 $n=2$ 即 $\boldsymbol{x}=(x_1,\ x_2)$ 的情况下，假如 $||\boldsymbol{x}||=1$，那么它是描述从原点 O 出发的距离. 通常为 $\mathrm{d}(\boldsymbol{x},\ \boldsymbol{0})=||\boldsymbol{x}||=1$ 的点的轨迹，得到圆的形状. 现在，用(a)式和(b)式分别来画圆，得到

下面两个图形. 它们和我们熟知的球形的圆是牛头不对马嘴. 究其原因是因为模的形式不同, 圆的形状也不同. 普通概念上的圆是欧氏模基础上的圆.

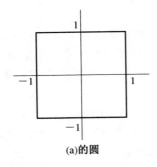
(a)的圆

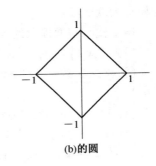
(b)的圆

---

* 在中国, 习惯上只采用 $|x|$ 的形式来表示矢量的长度.

第49讲 ⊕

新的空间的诞生

⊕表示直和. 当然,它可不是岛津藩的家徽.

为了从具有空间或者群等构造的集合出发,进一步建立一个新的空间或者群而使用了这个符号.

譬如,有两个矢量空间 X 和 Y,X 和 Y 的直积集合是

$$Z = X \times Y.$$

也就是说,

$$Z = \{(x, y) \mid x \in X, y \in Y\}.$$

假如 Z 的两个元素是 (x, y) 和 (u, v),它们的加法与数乘的运算分别是

$$(x, y) + (u, v) = (x+u, y+v).$$

在 X 内定义 $x+u$,在 Y 内定义 $y+v$.

对于标量(数)k,存在

$$k(x, y) = (kx, ky).$$

这种情况下,kx 属于 X,ky 属于 Y.

这样一来,在 Z 内定义了加法以及数乘. 由于它们满足了必要的运算性质,因此,Z 也是矢量空间. 这时,Z 称为 X 和 Y 的直和空间,记作

$$Z = X \oplus Y.$$

温馨的家

明显地,创造出一个来自 X 和 Y 的全新空间 Z.

另一方面,也能够用直和 $\oplus$ 表示某个空间的内部关系.

$$R^4 = \{(x, y, z, w) \mid x, y, z, w \text{ 是任意实数}\}$$

是由 4 个有序实数的实数组 (x, y, z, w) 构成的矢量的集合,一个四维矢量空间.

现在,假设 R^4 中的矢量是第 3 个和第 4 个坐标分别为 0 的矢量,即所谓的 xy 平面,记成 V,就有

$$V = \{v \mid v = (x, y, 0, 0), x, y \text{ 是任意实数}\}.$$

相同地, zw 平面就是

$$W = \{w \mid w = (0, 0, z, w), z, w \text{ 是任意实数}\}.$$

这时,由于我们能够仅在 V 中和 W 中考虑各个矢量的加法和数乘,所以不仅 V 而且 W 也是矢量空间(它们包含在 R^4 内,也称为 R^4 的子空间).

R^4 中的一个任意矢量 $\boldsymbol{x} = (x, y, z, w)$ 可以表示为 V 的矢量 $\boldsymbol{v} = (x, y, 0, 0)$ 和 W 的矢量 $\boldsymbol{w} = (0, 0, z, w)$ 的和:

$$\boldsymbol{x} = (x, y, z, w) = (x, y, 0, 0) + (0, 0, z, w)$$

$$= \boldsymbol{v} + \boldsymbol{w}.$$

并且, V 与 W 相交的结果唯有零矢量而已,即

$$V \cap W = \{(0, 0, 0, 0)\} = \text{零矢量}.$$

当 V、W 和 R^4 之间存在以上关系时,称 R^4 为 V 和 W 的直和,记作

$$R^4 = V \oplus W.$$

换种说法,无论什么时候 R^4 中的任意一个矢量都是 V 中矢量与 W 中矢量的和,这是仅有的一种表现.空间 R^4 被分解为空间 V 和空间 W.这种分解丝毫没有浪费维数资源,4 个正好分成 2 个和 2 个.也可以说成由 V 和 W 得到 R^4 的直和分解.

刚才所举的这个例子说明两个平面 V 和 W 相交后,得到叫

作"零矢量"的一个点. 在 R^4 中, 平面和平面相交会得到也只能得到一点. 在我们所生活的空间(三维空间)中, 这种事无论如何都不可能发生. 由这点我们知道单凭经验是没法把握 R^4 的. 要想看清 R^4, R^5, …这些四维以上的空间, 唯有依赖线性代数这副"眼镜"了.

第 50 讲　$W^{\perp}$，W^{*}
也是矢量空间哟

它们俩作为一种符号、以主人的身份出现在矢量空间的讨论中.

W 代表某个矢量空间时，$W^{\perp}$ 表示的是 W 的正交补空间；W^{*} 是 W 的对偶空间. 这两个中的任何一个都是表示以 W 为基础形成的新的矢量空间的符号，也可以说是 W 的亲戚.

$W^{\perp}$ 存在于一个更大的矢量空间内，这个更大的矢量空间包含定义了内积的 W.

话是这么说了，但却没法明白什么是什么. 为了便于理解，可以从解下列方程组开始：

$$\begin{cases} x + 2y + z = 0, \\ 2x + y + z = 0. \end{cases}$$

使用参量 t 写出这个方程组的解是

$$(x,\, y,\, z) = (t,\, t,\, -3t).$$

把它们看成矢量，得到 $(t,\, t,\, -3t) = t(1,\, 1,\, -3)$. 一般情况下，实数 $(x,\, y,\, z)$ 构成的集合写成 R^{3}，这是一个三维空间. 这时，方程组的解构成的集合 W 是下列包含在 R^{3} 空间内的矢量空间. 其实，W 是通过原点的一条直线.

$$W = \{w \mid w = t(1,\, 1,\, -3),\ t\ \text{是任意实数}\}.$$

现在，让我们看一下 R^{3} 中的内积.

$$(a,\, b,\, c) \cdot (p,\, q,\, r) = a \cdot p + b \cdot q + c \cdot r.$$

若内积等于 0，则称这两个矢量是正交的.

与位于 R^3 内的空间 W 正交的矢量的全体记作 $W^\perp$，称为 W 的正交补空间. 这儿，W 是一条直线，称 $W^\perp$ 是与它正交的平面.

如果 $W^\perp$ 中的任意一个矢量是 $x = (x, y, z)$，它与 W 中的矢量 w 的内积等于 0. 由

$$0 = w \cdot x = t(1, 1, -3) \cdot (x, y, z)$$

得到下列方程

$$tx + ty + (-3)tz = 0.$$

因为 t 是任意的，则

$$x + y - 3z = 0.$$

令 $y = k, z = l$（两者都是任意常数），得到

$$x = -k + 3l.$$

所以，

$$x = (x, y, z) = (-k + 3l, k, l)$$
$$= k(-1, 1, 0) + l(3, 0, 1).$$

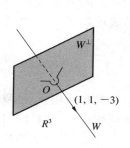

可以看出 $W^\perp$ 中的矢量是基于 $(-1, 1, 0)$ 和 $(3, 0, 1)$ 这两个矢量而构成的. $W^\perp$ 是一个二维的矢量空间，记作 $W^\perp = \{x \mid x = k(-1, 1, 0) + l(3, 0, 1); k, l 是任意实数\}$.

这时，$W^\perp$ 是与 W 正交的矢量的全体，它俩的共同部分 $W^\perp \cap W$ 只能是零矢量. 另一方面，R^3 的矢量 x 写成 W 和 $W^\perp$ 的矢量 a 和 b 的和（参照图示），R^3 是被 W 和 $W^\perp$ 直和分解（详见第 49 讲）. 也就是

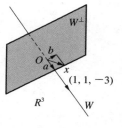

$$R^3 = W \oplus W^\perp$$

所谓补空间的"补"正是来自这种关系，可见，$(W^\perp)^\perp = W$.

还有，W^* 是 W 上的实线性函数构成的集合，就是

$$W^* = \{f \mid f{:}W \to R \text{ 是线性映射}\}.$$

所谓线性函数是这样一种函数,比如 $f(x) = 2x$,先加在一起算出的结果和分别计算后再相加的结果是一样的,先数乘后计算得出的结果和先计算再数乘的结果也是一样的. 这两个性质具体表现如下:

$$f(x + y) = f(x) + f(y),$$

$$f(kx) = kf(x).$$

换种说法,原料增加 2 倍得到的成品也具有比原来增加 2 倍的比例关系,这样的关系称为是线性的.

那么,具有这些性质的两个函数 f, g 的加法与数乘按

$$(f + g)(x) = f(x) + g(x),$$

$$(kf)(x) = kf(x) \qquad (k \text{ 是实数})$$

的方法定义. 根据这个加法与数乘,可以说 W^* 构成一个矢量空间,这个矢量空间称为 W 的对偶空间. 这个矢量空间 W^* 的矢量是函数 f,因此 W^* 也称为函数空间.

总之,矢量不仅仅局限于 (a, b) 之类的形式. 矢量最初产生于有向线段的计算,经过公理化后,才变成范围广泛的实用性概念.

第 IV 部

你也是数学超人,攻陷
微积分及其同盟

第51讲　$d(P, Q)$
不局限于长短的距离

$d(P, Q)$是表示点 P 和点 Q 之间的距离(distance)的符号,$d(P, Q)$是由点 P 和点 Q 共同决定的实数值.

在 R^2(表示平面)上,$P = (a, b)$ 和 $Q = (c, d)$ 之间的距离通常是 $\sqrt{(a-c)^2 + (b-d)^2}$. 运用距离的符号,可以写成

$$d(P, Q) = \sqrt{(a-c)^2 + (b-d)^2}.$$

一般地说,满足下列条件的二元函数 $d(P, Q)$称为点 P 和点 Q 间的距离.

(1) 距离不是负值的正定性

$d(P, Q) \geqslant 0$. 当 $d(P, Q) = 0$,则 $P = Q$. 反之亦成立.

(2) P 到 Q 的距离等于 Q 到 P 的距离的对称性

$$d(P, Q) = d(Q, P).$$

(3) 两边之和大于第三边的三角不等式

$$d(P, R) \leqslant d(P, Q) + d(Q, R).$$

在某个集合 X 中定义具有这些性质的 $d(P, Q)$时,这个集合称为距离空间.

只要满足了条件(1)～(3),在数学意义上说都是距离. 因此,在同一个平面上存在无数个不同的距离.

平面 R^2 上除了一开始说到的距离以外,还有下列形式的距离 $d(P, Q)$.

$$d(P, Q) = |a-c| + |b-d|,$$
$$d(P, Q) = \max\{|a-c|, |b-d|\}.$$

这两种都是平面 R^2 上的距离. 符号 $\max\{,\}$ 表示取出括弧中的最大一项.

计算两点 $P = (0, 0)$, $Q = (1, 2)$ 之间的距离, 其普通距离和上述两公式所表达的距离分别是

$$d(P, Q) = \sqrt{(0-1)^2 + (0-2)^2} = \sqrt{5},$$
$$d(P, Q) = |0-1| + |0-2| = 3,$$
$$d(P, Q) = \max\{|0-1|, |0-2|\} = 2.$$

其中, 第三个距离是最短的一个距离.

当然, 不同的距离得到的图形也不相同.

以原点 $(0, 0)$ 为中心, 作一个半径为 1 的圆(原点出发、距离是 1 的点的集合). 第一个距离下是普通的圆, 第二个距离下得到的是菱形. 你瞧, 说是圆, 如果距离不同, 形状也就不局限于球形了.

不管怎样, 距离是代表远近的概念. 因此, 对点的收敛和极限的讨论无论如何都是必要的. 其实, R, R^2, $\cdots$, R^n 上的解析学(微分和积分)指的是在本文最初所述的距离上讨论收敛和极限.

例如, 数列 $\{x_n\}$ 在某点 a 上收敛指的是随着 n 的增大, x_n 与 a 之间的普通距离 $d(x_n, a) = |x_n - a|$ 也相应地减少, 也就是 $\lim_{n \to \infty} d(x_n, a) = 0$. ($d(x_n, a) = |x_n - a|$ 变成满足(1)~(3)的距离). 如果用数学语言来描述, 就是:

对任意的 $\varepsilon > 0$, 存在某个值 N, 对所有的 $n \geqslant N$, $d(x_n, a) < \varepsilon$ 都成立.

定义距离不单单是在像 R^2 似的为大家所熟悉的集合内, 也可以在其他各种各样的集合内, 且进一步推广了解析学和几何学. 譬如, 让我们来想一下如何定义在区间 $[0, 1]$ 上的连续(continuous)实值函数的全体所构成的集合, 用数学符号记作 $C[0, 1]$

或者 $C_{[0,1]}$，这个 C 是 continuous 的 C.

$C[0, 1]$ 的元素是函数. 假如是 f 和 g，作为 f 和 g 间的距离，可以用下面式子来表示. 像这样的集合称为函数空间.

$$d(f, g) = \max_{0 \leqslant t \leqslant 1} |f(t) - g(t)|.$$

这个距离是 $f(t)$ 和 $g(t)$ 分开的最远处的距离. 当距离等于 0 时，函数 f 和 g 显然是同一函数的.

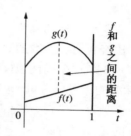

对函数间距离的思考，也是对函数空间的收敛和极限的讨论. 正是为了确定什么样的距离是合适的，才引出了数学内容的丰富多彩.

如果你感到你和女孩子的距离较远，那么忘掉现有的距离. 从距离的另一个角度来考虑，你觉得如何？相信你能找到解决办法.

第52讲 $\overline{A}$，$\mathring{A}$，∂A
现代数学的入口

　　它们出现在称为拓扑的概念中,在微积分开始的部分中,它们出现在有关实数的讨论中.

　　$\overline{A}$ 称为 A 的闭包(closure),$\mathring{A}$ 称为 A 的内核(interior),∂A 称为 A 的边界(boundary).

　　凭直觉来说,从字面上看,所谓的 ∂A 是 A 的边界,表示它是 A 的边.从字面上看,$\overline{A}$ 称为 A 的闭包,指的是 A 被包围着,相当于给 A 砌一道边,讨论时也带上了这条边.而 $\mathring{A}$ 称为 A 的内核,是与闭包相反的说法,在讨论时得去掉 A 的边.

　　粗略地看,拓扑也是表示远近的概念.尽管具体地表示远近的是距离,但拓扑是比距离更一般化的概念.不管是拓扑还是距离,都是远近的概念,它们被认为是讨论收敛和极限的基本构造.由于拓扑是一个颇有难度的内容,这儿就不去碰它了.

　　例如,在平面 R^2 上,定义普通距离 d.

　　作为文字定义,R^2 上任意给定一个非空子集 U,对于其中的

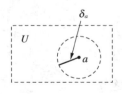

任何一点 a,都存在一个正数 δ_a.以点 a 为圆心、δ_a 为半径的无边圆盘包含在 U 内时,称 U 为开集.这是一种对 U 是没有边的集合予以数学意义上的表示,确实像一个热情奔放的夏天的集合.

另一方面,开集 U 的补集 U^c 称为闭集;它是一个含有边的集合,好似一个裹在屋里的冬天的集合.

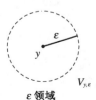

ε 领域

　　那么,对于 R^2 中的一点 y,设以 y 为圆心、半径为 ε 的无边圆盘是 $V_{y,\varepsilon}$,它是一个包

含 y 在内的开集. 这时, $V_{y,\varepsilon}$ 也称为点 y 的 ε 邻域, $V_{y,\varepsilon}$ 中的居民可以说是 y 先生的街坊.

　　设 A 是 R^2 的子集, 定义聚点. 点 b 是 A 的聚点表示对于包含 b 的任意一个开集 U, 式子 $(A - \{b\}) \bigcap U \neq \varnothing$ 成立 ($\varnothing$ 是空集的符号). 作为 U 的邻域 $V_{b,\varepsilon}$, 即使 ε 无限接近于 0, 也能得到 $(A - \{b\}) \bigcap V_{b,\varepsilon} \neq \varnothing$. 这句话表现出点

A 内的点能够无限接近 b

b 紧紧贴附着 A 的样子, 意味着 A 内的点能够无限接近点 b.

　　对于

$$A = \{(x, y) \in R^2 \mid x^2 + y^2 < 1\} = \text{半径为 1 的开圆盘},$$

在半径正好为 1 的点上会发生刚才所说的情况. A 的内部的点也具有相同的性质. 因此, 把 A 的聚点全部集中起来, 会得到一个包括圆盘的边的集合. A 和 A 的聚点构成的集合记作 $\overline{A}$, 称为 A 的闭包(closure), 写成

$$\overline{A} = A \bigcup \{A \text{ 的聚点}\}.$$

实际上, 这个集合是个闭集. $\overline{A}$ 表示了包含 A 的闭集的构成方法, 它是一个包含 A 的最小的闭集.

　　还有, $\overset{\circ}{A}$ 是被称为 A 的内点的点的集合. 不同于 $\overline{A}$, $\overset{\circ}{A}$ 是包含在 A 内的最大的开集. 所谓 x 是 A 的内点指的是能取得包含 x 的开集, 使这开集包含在 A 内.

　　对于

$$A = \{(x, y) \in R^2 \mid x^2 + y^2 \leqslant 1\} = \text{半径为 1 的闭圆盘},$$

$\overset{\circ}{A}$ 是不包含边的开圆盘.

　　最后, 让我们来讨论一下"∂A 是 A 的边界".

　　点 x 是 A 的边界点指的是, 对于任意一个含有 x 的开集 U,

$$U \bigcap A \neq \varnothing \text{ 且 } U \bigcap A^c \neq \varnothing$$

成立. 以这个点为中心的任意 ε 邻域横跨自己的庭院和邻居的庭院, 这确实是一个与边界相称的定义. 无论 A 是半径为 1 的开圆

盘还是闭圆盘，∂A 都是半径为 1 的圆.

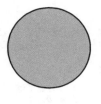

A　　　　　　A 的内点 :$\mathring{A}$　　　　　∂A 的边界 :A

　　要想讲述这些概念的作用的话，就目前的准备来说还不够充分. 但是，可以用开集重述譬如"点列 $\{x_n\}$ 在点 a 处收敛"这一概念.

　　对于任意一个含有 a 的开集 U，存在一个数 N，且当 $n \geqslant N$ 时，所有的 x_n 包含在 U 内.

　　无论是距离，还是作为一般概念的拓扑，都与开集和闭集有关，进一步地说，他们与收敛和极限有关. 因此，无论是 $\bar{A}$ 也好，还是 $\mathring{A}$ 也好，都是建立闭集或开集的一种手段. 不考虑具体的距离，从拓扑的角度出发，只考虑远近和极限是可能的. 凭这一点就能说数学的适应性是相当广泛的. 对这些抽象概念进行思考的人是 20 世纪的法国数学家弗雷歇(Fréchet, M). 从他开始，德国的豪斯多夫(Hausdorff, F.)、波兰的库拉托夫斯基(Kuratowski, K.)、俄国的亚历山德罗夫(Aleksandrov, P. S.)等人发展并确立了拓扑空间的概念. 事实上，从社会学到生物学，拓扑的概念被频繁使用在不同的领域，因而，拓扑的概念成为现代数学的基础. 怎么样，向拓扑发出挑战如何？

第 53 讲 δ_x
难以置信的函数

δ_x 称为狄拉克函数. 它是这样一种函数, 只取 $x = 0$ 时的值, 除此以外均为 0, 并且在 $-\infty$ 到 ∞ 的范围内积分时, 值为 1.

用 δ 代替 δ_x 的话, 就可以写成

$$\delta(x) = 0 (x \neq 0), \int_{-\infty}^{\infty} \delta(x) \mathrm{d}x = 1.$$

实际上, 这样的函数并不存在, 只是在 20 世纪中期, 狄拉克创立量子力学时想出的权宜之函数.

回顾数学史, 我们知道直到 17 世纪末才出现函数的概念.

1693 年, 莱布尼兹用"函数"(function)这个词来表示"作用"的意思. 现在的函数 $f(x)$ 始于 18 世纪. 达兰贝尔把欧拉的

$$f : x$$

看作

$$fx.$$

当时, 围绕着函数"是解析上的式子还是能自由描绘的曲线"这一问题展开了争论, 在喋喋不休之中度过了 18 世纪.

赋予"函数"一般性定义的人是 19 世纪的德国数学家狄利克雷 (Dirichlet, P. G. L.). 狄利克雷提出称为"一点对应一点"的观点:

"所谓 y 是变量 x 的函数是指对于 x 的每个值, y 也有一个完全确定的值与其相对应. 这种对应可以通过解析式子、图形、表格或者简单的语言中的任何一种形式来确定."

下面所说的函数被称为狄利克雷函数,

$$f(x) = \begin{cases} 1 (x \text{ 是有理数}), \\ 0 (x \text{ 是无理数}). \end{cases}$$

这是一个用解析式子、图形、表格都很难表达的函数,然而,采用称为"一点对应一点"的语言来表示会比较容易.

作为这个函数定义的延伸,产生了上述的狄拉克函数.现在,它又被称为超函数.二战后初期,菲尔兹奖获得者、法国数学家施瓦兹(Schwartz, L.)把它作为被一般化的函数概念引入使用.

大致地说,超函数的概念是将函数稍微扩展一下来考虑,让它具有某种作用. δ 与其他函数相乘求积分时,可以只取出这个函数在 $x = 0$ 处的值进行计算.

可以歇一会儿

有人说世界上的变故能在一眨眼间被呼唤出来,这难不成是一个"叮当猫"的世界?

有一个实变函数 $f(x)$,与 $x = 0$ 处的值 $f(0)$ 一点对应一点的对应 T 称为狄拉克测度或者狄拉克超函数.狄拉克(Dirac, P. A. M.)也确实利用积分,写出

$$T(f) = \int_{-\infty}^{\infty} \delta(x)f(x)\mathrm{d}x = f(0).$$

使上式能够成立的函数 δ_x 称为狄拉克函数.实际上,具有这种性质的函数是不存在的.

接下来,想探讨的问题是关于这个函数的模拟构成.首先,对函数 $h_\varepsilon(x)$ 做出

$$h_\varepsilon(x) = \begin{cases} \dfrac{1}{2\varepsilon}(\mid x \mid < \varepsilon), \\ 0 \ (\mid x \mid > \varepsilon) \end{cases}$$

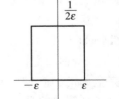

这样的定义.这时,得到

$$\int_{-\infty}^{\infty} h_\varepsilon(x)\mathrm{d}x = 1. \tag{1}$$

考虑刚才提到的实变函数 $f(x)$,下面各等式成立.

$$\lim_{\varepsilon \to 0} \int_{-\infty}^{\infty} f(x) h_\varepsilon(x) \mathrm{d}x$$

$$= \lim_{\varepsilon \to 0} \int_{-\varepsilon}^{\varepsilon} \frac{1}{2\varepsilon} f(x) \mathrm{d}x \quad (\text{积分中值定理})$$

$$= \lim_{\varepsilon \to 0} \frac{1}{2\varepsilon} 2\varepsilon f(x_0) \quad (-\varepsilon < x_0 < \varepsilon) \tag{2}$$

$$= \lim_{\varepsilon \to 0} f(x_0) = f(0) \quad (\text{如果} \varepsilon \text{逐渐变小}, x_0 \text{会逐渐接近于} 0)$$

积分中值定理

存在实数 $c \in (a, b)$,使得

$$\int_a^b f(x) \mathrm{d}x = f(c)(b - a).$$

这儿,如果

$$\delta(x) = \lim_{\varepsilon \to 0} h_\varepsilon(x), \tag{3}$$

根据(1)和 $h_\varepsilon(x)$ 的定义,判定 δ_x 具有本文一开始所说的性质.

由(2)和(3)得到

$$\int_{-\infty}^{\infty} f(x) \delta(x) \mathrm{d}x = f(0).$$

总算得到狄拉克的 δ 的构成,可松一口气了.

菲尔兹数学奖

在 1932 年举行的国际数学家会议上,为了纪念已故的菲尔兹(Fields)教授,设立了这个奖.它主要用来奖励年龄在 40 岁以下的数学工作者,被誉为数学的诺贝尔奖.令人费解的是为什么没有诺贝尔数学奖.根据街谈巷议,诺贝尔不喜欢数学,所以他在设立诺贝尔奖时,把数学拒之门外.

日本人中获得菲尔兹奖的人只有三位:已故的小平邦彦先生(1954 年)、广中平佑先生(1970 年)和森重文先生(1990 年).

第 54 讲 ·
内积——内在的积?

符号·用来表示内积(也称标量积、数量积或点积).除此之外,·也作为乘法以及映射的符号,是一个使用方便的符号.

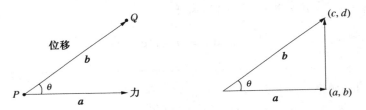

一开始,内积是表示力所作的功的概念.某一质点受到力 a 的作用,产生了位移 b. 在位移的过程中,a 所作的功 W 应为 a 在 b 方向上的分力与 b 的距离 $|b|$ 的乘积($|\ |$* 是表示矢量大小的符号).设 a 与 b 的夹角为 θ,a 在 b 方向上的分力是 $|a|\cos\theta$. 由此得到

$$W = |a|\cos\theta\,|b| = |a|\,|b|\cos\theta.$$

假如 $a = (a, b)$, $b = (c, d)$,根据余弦定理,

$$|b-a|^2 = |a|^2 + |b|^2 - 2|a|\,|b|\cos\theta$$
$$= (c-a)^2 + (d-b)^2$$
$$= a^2 + b^2 + c^2 + d^2 - 2ac - 2bd.$$

由于,

$$|a|^2 = a^2 + b^2,$$
$$|b|^2 = c^2 + d^2,$$

那么,

$$2|a|\,|b|\cos\theta = |a|^2 + |b|^2 - |b-a|^2$$

$$= 2ac + 2bd.$$

因此,得到

$$W = |\boldsymbol{a}||\boldsymbol{b}|\cos\theta = ac + bd.$$

这儿,$|\boldsymbol{a}||\boldsymbol{b}|\cos\theta$ 以及 $ac + bd$ 记作 $\boldsymbol{a} \cdot \boldsymbol{b}$,称为矢量 $\boldsymbol{a}$ 和 $\boldsymbol{b}$ 的内积:

$$\boldsymbol{a} \cdot \boldsymbol{b} = (a, b) \cdot (c, d) = ac + bd.$$

当然,符号·出自其具有与数的乘积(乘法)类似的性质,先把结合律放在一边不谈,它具有与数的积相同的交换律:

$$\boldsymbol{a} \cdot \boldsymbol{b} = \boldsymbol{b} \cdot \boldsymbol{a}.$$

另一方面,在数的运算中还有加法,它与积一起构成某种整体性.内积也具有的这种被称为分配律的性质是

$$\boldsymbol{a} \cdot (\boldsymbol{b} + \boldsymbol{c}) = \boldsymbol{a} \cdot \boldsymbol{b} + \boldsymbol{a} \cdot \boldsymbol{c}.$$

内积还具有与数相同的其他性质,

$$\boldsymbol{a} \cdot \boldsymbol{a} \geqslant 0, \text{ 当 } \boldsymbol{a} \cdot \boldsymbol{a} = 0 \text{ 时 } \boldsymbol{a} = \text{零矢量}.$$

但也不是事事相同.在数的情况下,存在与积(乘法)相对的商(除法).这儿,尽管对于两个矢量来说,存在某个被称为积的数值(实数),然而商却没有列在考虑范围之内.可见,此(内)积非彼(数)积.

乘号　　　　　搓ら捏捏　　　　大功告成

有两个空间的矢量 $\boldsymbol{a} = (a, b, c)$ 和 $\boldsymbol{x} = (x, y, z)$,那么

$$(a, b, c) \cdot (x, y, z) = ax + by + cz.$$

如果

$$(a,\,b,\,0)\cdot(x,\,y,\,0)=ax+by+0=a\cdot x+b\cdot y,$$

就得到平面的内积的扩张形式.

当然,在数学领域内,对各种形式的内积进行讨论是可能的.为此,有必要对内积作出一个公理性质的定义(参照文末).

在物理学上,先有力的大小(长度)和方向(角度)的概念. 由这两点出发,作为一种新的量——功的表示,引进了内积的概念.相反,运用内积,也能想到长度等几何量.

如果从先定义了内积的角度出发,矢量 x 的长度 $|x|$ 定义为

$$|x|=\sqrt{x\cdot x}.\quad(x\cdot x\text{ 是内积})$$

矢量 x 和 y 的夹角 $\theta(0°\leqslant\theta\leqslant180°)$ 以

$$\cos\theta=x\cdot y/|x|\,|y|$$

的形式来考虑.

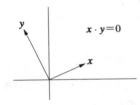

由此,我们知道当内积 $x\cdot y$ 等于 0 时, x 和 y 是互相垂直的.

矢量的长度和内积之间的关系式是

$$|x+y|^{2}-|x-y|^{2}=4x\cdot y,$$

这是一个把长度($|\,|$)和内积($\cdot$)联系在一起的非常重要的关系式.

如果先得到矢量 x 的长度 $|x|$,可以由此给出内积的定义. 也就是说,无论是先考虑内积,还是先考虑长度,要表达的是同一件事.理解数学的一个诀窍就是从一大堆公式中,找出关键(key)的公式.单纯地背熟所有的公式是效率极低的.

如上所述,任选一个内积或长度来考虑,其结果是一样的. 对于位于平面或空间以外的矢量,不一定非要通过视觉来捕捉矢量与矢量间的夹角的角度,利用内积来考虑不是更方便吗?

内积成为定义长度、角度以及面积、体积等几何量的基本量,

体现出它的重要性.

　　例如,由矢量 x 和 y 构成一个平行四边形. 通过长度和内积求出它的面积,

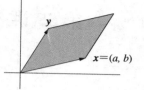

$$S = \sqrt{|x|^2 |y|^2 - (x \cdot y)^2}.$$

当矢量 x 和 y 分别是 $x = (a, b)$, $y = (u, v)$ 时,由

$$|x|^2 = a^2 + b^2, \quad |y|^2 = u^2 + v^2,$$

$$x \cdot y = au + bv$$

得到

$$S = |av + bu| \text{（| |是绝对值）}$$

$$= \begin{vmatrix} a & b \\ u & v \end{vmatrix} \text{的绝对值.（这个| |表示行列式）}$$

用行列式也能求出面积.

```
┌─ 内积公理 ──────────────────────────────────┐
│                                              │
│    矢量空间中的任意两个矢量,得到满足下列性质的实    │
│  数值作为积. 当这个积能被定义时,这个积称为内积.     │
│  （1）正值性　　$x \cdot x \geqslant 0$, $x \cdot x = 0 \Leftrightarrow x = 0$（零矢量）;│
│  （2）对称性　　$x \cdot y = y \cdot x$;          │
│  （3）线性性　　$(x + y) \cdot z = x \cdot z + y \cdot z$│
│              　　$x \cdot (ky) = k(x \cdot y)$　　（$k$ 是任意实数）.│
│                                              │
└──────────────────────────────────────────────┘
```

---

*原著中矢量大小用 || || 表示.

第 55 讲　×
外积——外部的积?

有关矢量的积的运算是指数乘、内积和外积.

数乘不是矢量之间的运算,是标量(实数或复数)与矢量的运算,譬如像某个矢量 x 的 2 倍,记作 $2x$,称为积.

与此相对称地,如同前讲所述的,内积是矢量与矢量的运算,它的结果——积是一个数值(标量). 同时,内积成为讨论几何量的基本量.

与内积相对的是符号×所表示的外积,它的结果则是矢量.

确实,撇开特殊情况,我们可以认为外积是空间(三维空间)特有的话题.

这儿,引入一个物理学上称之为力矩的概念.

有一根固定在点 O 的木棒 OP. 由于 P 是能够自由移动的,在点 P 上使木棒旋转的力 a 按下图所示转动. 这时,它的转动大小与点 O 到 a 的距离 l 成比例. a 的大小和这个距离 l 的积称为作用力 a 对于点 O 的力矩,力矩(或力矩矢量)是在某个点周围能使物体旋转的能力. 使物体旋转的方法多种多样,图中所表现的是位于平面上的旋转,其转动轴的方向垂直于平面,且按右手螺旋方向运动.

现在,使木棒旋转的力按右手螺旋方向运动,如图所示就是逆时针方向的运动. 木棒用矢量 r 表示,由于 $l = |r| \sin\theta$,力矩的大小是

$$|r| \, |a| \sin\theta.$$

($|\ |^*$ 表示矢量的长度)

因此,所谓力矩也是一个矢量,其大小是 $|r| \, |a| \sin\theta$,它的方

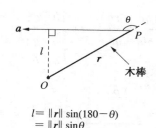

$l = \|r\| \sin(180 - \theta)$
$\quad = \|r\| \sin\theta$

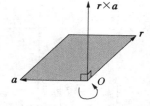

为了研究 $r \times a$, 绕着点 O 平行
移动矢量 a 得到以上图形

向与 r, a 所在平面垂直,并按右手螺旋方向而取正值,称它为矢量 r 与 a 的外积,记作 $r \times a$.

力矩的大小 $|r||a|\sin\theta$ 等于以 r 和 a 两矢量为邻边所构成的平行四边形的面积.

现在,让我们来发现 r 和 a 的具体形式.

设

$r = (p, q, r)$, $a = (a, b, c)$,

$r \times a = (x, y, z)$,

两个矢量 r 和 $r \times a$ 相互垂直,
它的内积等于 0.

右手螺旋定理

$$px + qy + rz = 0.$$

同样地, a 和 $r \times a$ 相互垂直,得到

$$ax + by + cz = 0.$$

这个方程组有 3 个未知数,通过假设其中一个未知数的值为 t 来解这个方程组. 设 $z = t$,运用克莱姆法则求解(与一般解法相同).

$$\begin{cases} px + qy = -rt, \\ ax + by = -ct. \end{cases}$$

根据克莱姆法则

$$x = \frac{\begin{vmatrix} -rt & q \\ -ct & b \end{vmatrix}}{\begin{vmatrix} p & q \\ a & b \end{vmatrix}} = \frac{-rtb + qct}{pb - qa} = \frac{t(qc - rb)}{pb - qa} = t\frac{\begin{vmatrix} q & r \\ b & c \end{vmatrix}}{\begin{vmatrix} p & q \\ a & b \end{vmatrix}},$$

$$y = \frac{\begin{vmatrix} p & -rt \\ a & -ct \end{vmatrix}}{\begin{vmatrix} p & q \\ a & b \end{vmatrix}} = \frac{-t(pc - ra)}{pb - qa} = t\frac{-\begin{vmatrix} p & r \\ a & c \end{vmatrix}}{\begin{vmatrix} p & q \\ a & b \end{vmatrix}}.$$

也就是说，x，y，z 之间的比是

$$x : y : z = \begin{vmatrix} q & r \\ b & c \end{vmatrix} : -\begin{vmatrix} p & r \\ a & c \end{vmatrix} : \begin{vmatrix} p & q \\ a & b \end{vmatrix}$$

$$= (qc - rb) : (ra - pc) : (pb - qa),$$

得到

$$x = k(qc - rb), \ y = k(ra - pc), \ z = k(pb - qa),$$

剩下的就是求出 k 的值.

矢量 $\boldsymbol{r} \times \boldsymbol{a}$ 的大小等于 $|\boldsymbol{r}| \, |\boldsymbol{a}| \sin\theta$ 的值，

$$|\boldsymbol{r} \times \boldsymbol{a}| = |\boldsymbol{r}| \, |\boldsymbol{a}| \sin\theta.$$

省略详细的计算过程，得到

$$|\boldsymbol{r} \times \boldsymbol{a}|^2 = x^2 + y^2 + z^2,$$

$$|\boldsymbol{r}|^2 \, |\boldsymbol{a}|^2 \sin^2\theta = (qc - rb)^2 + (ra - pc)^2 + (pb - qa)^2.$$

从这儿看出 $k^2 = 1$，根据方向的条件，得到 $k = 1$.

那么，$\boldsymbol{r} = (p, q, r)$ 和 $\boldsymbol{a} = (a, b, c)$ 的外积 $\boldsymbol{r} \times \boldsymbol{a}$ 是

$$\boldsymbol{r} \times \boldsymbol{a} = \left(\begin{vmatrix} q & r \\ b & c \end{vmatrix}, \ -\begin{vmatrix} p & r \\ a & c \end{vmatrix}, \ \begin{vmatrix} p & q \\ a & b \end{vmatrix} \right)$$

$$= (qc - rb, \ ra - pc, \ pb - qa),$$

第一个等号后的表示方法为记住外积提供了方便.

$r \times a$ 是按 r 与 a 构成的右手螺旋的前进方向. 如果 r 和 a 位置交换一下,方向就改变了,也就是

$$r \times a = -a \times r.$$

如果 r 和 a 是相同的,就没有旋转,即

$$r \times r = \mathbf{0} = (0, 0, 0).$$

内积是被用来表现长度、角度和面积,外积在计算类似的几何量的过程中也是不甘落后的.

让我们计算一下由下列三个矢量 x, y, z 构成的平行六面体的体积.

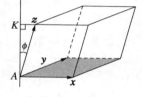

这个平行六面体的体积等于底面积×高,底面积等于矢量 x 和矢量 y 的外积,即 $|x \times y|$,接下来是计算高 AK. 若设矢量 z 与 AK 的夹角为 ϕ,则有 $AK = |z| \cos\phi (0° \leqslant \phi \leqslant 90°)$.

最后,设这个平行六面体的体积为 V,得到

$$V = |x \times y||z|\cos\phi.$$

事实上,矢量 $x \times y$ 垂直于 x 和 y 构成的平面,它也是直线 AK. 因此,夹角 ϕ 也就是矢量 $x \times y$ 与矢量 z 的夹角,那么 V 的右边就等于 $x \times y$ 与 z 的内积,即

$$V = |x \times y||z|\cos\phi = (x \times y) \cdot z.$$

设 $x = (a, b, c)$, $y = (p, q, r)$, $z = (s, t, u)$,因为

$$x \times y = \left(\begin{vmatrix} b & c \\ q & r \end{vmatrix}, -\begin{vmatrix} a & c \\ p & r \end{vmatrix}, \begin{vmatrix} a & b \\ p & q \end{vmatrix} \right),$$

所以,

$$(x \times y) \cdot z = \begin{vmatrix} b & c \\ q & r \end{vmatrix} s - \begin{vmatrix} a & c \\ p & r \end{vmatrix} t + \begin{vmatrix} a & b \\ p & q \end{vmatrix} u.$$

运用行列式中使用的拉普拉斯展开式(有关第 1 列的展开),得到

$$\begin{vmatrix} b & c \\ q & r \end{vmatrix} s - \begin{vmatrix} a & c \\ p & r \end{vmatrix} t + \begin{vmatrix} a & b \\ p & q \end{vmatrix} u = \begin{vmatrix} s & t & u \\ a & b & c \\ p & q & r \end{vmatrix}.$$

可见,用三阶行列式也能计算出体积 V.

在物理量和几何量的表示中,内积以及外积是极其重要的,它们还密切联系着矩阵和行列式的计算.

拉普拉斯展开式

$\begin{vmatrix} a_{11} & a_{12} & a_{13} \\ a_{21} & a_{22} & a_{23} \\ a_{31} & a_{32} & a_{33} \end{vmatrix}$ 的展开在任何行、任何列都可以.这

儿以第 1 行和第 3 列的展开做示范.

（1）第 1 行展开

$$= (-1)^{1+1} a_{11} \begin{vmatrix} a_{22} & a_{23} \\ a_{32} & a_{33} \end{vmatrix} + (-1)^{1+2} a_{12} \begin{vmatrix} a_{21} & a_{23} \\ a_{31} & a_{33} \end{vmatrix}$$

$$+ (-1)^{1+3} a_{13} \begin{vmatrix} a_{21} & a_{22} \\ a_{31} & a_{32} \end{vmatrix};$$

（2）第 3 列展开

$$= (-1)^{1+3} a_{13} \begin{vmatrix} a_{21} & a_{22} \\ a_{31} & a_{32} \end{vmatrix} + (-1)^{2+3} a_{23} \begin{vmatrix} a_{11} & a_{12} \\ a_{31} & a_{32} \end{vmatrix}$$

$$+ (-1)^{3+3} a_{33} \begin{vmatrix} a_{11} & a_{12} \\ a_{21} & a_{22} \end{vmatrix}.$$

---

*原著中矢量大小用 $|\ |\ \ |\ |$ 表示.

第 56 讲 $\partial/\partial x$
偏微商并不可怕

$\partial/\partial x$,$\partial/\partial y$ 是偏微商的符号.

对于只有一个变量的实变函数 $f(x)$,函数 f 在点 x 的微商表达式记作 $\mathrm{d}f/\mathrm{d}x$,在 $f(x) = x^2$ 中,$\mathrm{d}f/\mathrm{d}x = 2x$.

对于 x 的微小改变量 Δx,函数 $f(x)$ 的改变量 $\Delta f = f(x + \Delta x) - f(x)$ 与它的比是 $\Delta f/\Delta x$. 如同微商章节中所说的,Δx 无限趋于 0 时,微商 $\mathrm{d}f/\mathrm{d}x$ 是当时的改变比例 $\Delta f/\Delta x$. 对于极小的

我很丑,但我很温柔.

改变量 Δx,可以认为 $\mathrm{d}f/\mathrm{d}x$ 十分接近它的比例 $\Delta f/\Delta x$. 通过实例计算一下,求 $f(x) = x^2$ 的 Δf.

$$\begin{aligned} \Delta f &= f(x + \Delta x) - f(x) \\ &= (x + \Delta x)^2 - x^2 \\ &= x^2 + 2x\Delta x + \Delta x^2 - x^2 \\ &= 2x\Delta x + \Delta x^2. \end{aligned}$$

比较微小改变量 Δx,Δx^2 更是小到了能被忽视的程度,最后得到 $\Delta f \doteqdot 2x\Delta x$. 由此看来,$\mathrm{d}f/\mathrm{d}x = 2x$ 也可以写成 $\mathrm{d}f = 2x\,\mathrm{d}x$. 按照分数的形式,$\mathrm{d}f/\mathrm{d}x = 2x$ 也可以是

$$\mathrm{d}f = 2x\,\mathrm{d}x = \frac{\mathrm{d}f}{\mathrm{d}x}\mathrm{d}x.$$

这个符号 $\mathrm{d}f$ 称为全微分(也可以简称微分). 全微分是指针对 x 的微小改变量 $\mathrm{d}x$,f 的改变量是 $\mathrm{d}f$.

现在,讨论带有两个变量的二元函数 $f(x, y) = x^2 + y^2$.

在这个函数中,有 x, y 两个变量. x 和 y 之间没有相互的关系,只要把 y 看作常量, $f(x, y) = x^2 + y^2$ 对 x 求微商是 $2x$. 同样,只要把 x 看作常量,对 y 求微商是 $2y$. 在认为变量 x 或 y 中只有一方是变量的前提下,得到的微商值称为偏微商,记作 $\dfrac{\partial f}{\partial x}$, $\dfrac{\partial f}{\partial y}$ 或 f_x, f_y,即

$$\lim_{\Delta x \to 0} \frac{f(x + \Delta x, y) - f(x, y)}{\Delta x} = \frac{\partial f}{\partial x},$$

称为 x 方向的微商,或者是对 x 的偏微商.

$$\lim_{\Delta y \to 0} \frac{f(x, y + \Delta y) - f(x, y)}{\Delta y} = \frac{\partial f}{\partial y},$$

称为 y 方向的微商,或者是对 y 的偏微商.

在 $f(x, y) = xy$ 中, $\partial f / \partial x = y$ 且 $\partial f / \partial y = x$.

理所当然的,我们还有必要讨论当 x 和 y 同时改变时,函数 f 的改变比例. 这时,全微分 $\mathrm{d}f$ 就派上大用场喽.

全微分 $\mathrm{d}f$ 指 x 和 y 同时变化时 f 改变的情况. 让我们通过讨论 Δf 来加以说明. 对于 x 的改变量 Δx 及 y 的改变量 Δy, $\Delta f = f(x + \Delta x, y + \Delta y) - f(x, y)$ 也有一定的改变,只要对这个改变进行讨论就可以了.

在 $f(x, y) = xy$ 中,

$$\begin{aligned}
\Delta f &= f(x + \Delta x, y + \Delta y) - f(x, y) \\
&= (x + \Delta x)(y + \Delta y) - xy \\
&= y\Delta x + x\Delta y + \Delta x\Delta y.
\end{aligned}$$

假如改变量 Δx 和改变量 Δy 非常非常小时, $\Delta x \, \Delta y$ 也就小到能被忽视的程度,因此

$$\begin{aligned}
\Delta f &\doteqdot y\Delta x + x\Delta y \\
&= \frac{\partial f}{\partial x}\Delta x + \frac{\partial f}{\partial y}\Delta y,
\end{aligned}$$

（因为 $\dfrac{\partial f}{\partial x} = y, \dfrac{\partial f}{\partial y} = x$）

这个算式也能够写成

$$\mathrm{d}f = \frac{\partial f}{\partial x}\mathrm{d}x + \frac{\partial f}{\partial y}\mathrm{d}y.$$

对 $f(x, y) = x^2 + y^2$ 的计算是相同的.

先计算一下 Δf, 得到

$$\Delta f = 2x\Delta x + 2y\Delta y + \Delta x^2 + \Delta y^2.$$

如果 x 和 y 的改变量足够小的话, 得到

$$\Delta f \doteqdot 2x\Delta x + 2y\Delta y$$
$$= \frac{\partial f}{\partial x}\Delta x + \frac{\partial f}{\partial y}\Delta y. \qquad \left(因为 \frac{\partial f}{\partial x} = 2x, \frac{\partial f}{\partial y} = 2y\right)$$

这样就导出了 $\mathrm{d}f = (\partial f/\partial x)\mathrm{d}x + (\partial f/\partial y)\mathrm{d}y.$

因此, 当二元函数的变量 x 和 y 的改变量是无穷小, 并且 f 的改变量 $\mathrm{d}f$ 是

$$\frac{\partial f}{\partial x}\mathrm{d}x + \frac{\partial f}{\partial y}\mathrm{d}y$$

时, $\mathrm{d}f$ 称为 f 的全微分.

并不是说不能像一元函数那样采用分数的表现形式 $\left(\frac{\mathrm{d}f}{\mathrm{d}x}\right)$, 只是由于变量 (x, y) 是在平面上的, 不得不考虑到方向的因素.

二元函数 $f(x, y)$ 的微商也是当 x 和 y 改变时, 它们的改变量与 f 的改变量的比值的极限. 当 x 改变到 $x+\Delta x$, y 改变到 $y+\Delta y$ 时, f 的改变量 Δf 是

$$\Delta f = f(x+\Delta x, y+\Delta y) - f(x, y).$$

现在, 从 (x, y) 到 $(x+\Delta x, y+\Delta y)$ 之间的改变量 (间隔) 看作 (x, y) 到 $(x+\Delta x, y+\Delta y)$ 的长度, 得到

$$\sqrt{(x+\Delta x - x)^2 + (y+\Delta y - y)^2} = \sqrt{(\Delta x)^2 + (\Delta y)^2}.$$

因此,这个比变成 $\Delta f/\sqrt{(\Delta x)^2+(\Delta y)^2}$. 假设 $\sqrt{(\Delta x)^2+(\Delta y)^2}$ 是 Δs, 得到

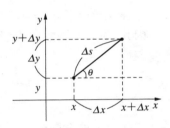

$$\frac{\Delta f}{\sqrt{(\Delta x)^2+(\Delta y)^2}}=\frac{\Delta f}{\Delta s}.$$

由于当 Δx 和 Δy 无限接近于零时,Δs 也无限接近于零. 假如这个极限 $\lim\limits_{\Delta s\to 0}\Delta f/\Delta s$ 是确定的,就可以用分数形式表现为 $\mathrm{d}f/\mathrm{d}s$,但是,得加上下列注释:

假如用矢量的形式描述从 (x,y) 到 $(x+\Delta x,y+\Delta y)$ 是 $(\Delta x,\Delta y)$,那么,现在所说的就称为这个矢量方向的微商(偏微商),这个矢量与 x 轴的夹角是 θ 的话,也称为 θ 方向的微商. 就是说,二元函数的情况下,根据方向,微商会发生变化.

当 $\theta=0$ 时,得到

$$\frac{\mathrm{d}f}{\mathrm{d}s}=\frac{\partial f}{\partial x}.$$

当 $\theta=\pi/2$ 时,得到

$$\frac{\mathrm{d}f}{\mathrm{d}s}=\frac{\partial f}{\partial y}.$$

$f(x,y)=xy$ 时,由

$$\Delta x=\Delta s(\cos\theta),\ \Delta y=\Delta s(\sin\theta)$$

得到

$$\begin{aligned}\Delta f&=f(x+\Delta x,y+\Delta y)-f(x,y)\\&=y\Delta x+x\Delta y+\Delta x\Delta y\\&=y\Delta s(\cos\theta)+x\Delta s(\sin\theta)+\Delta s^2(\cos\theta)(\sin\theta).\end{aligned}$$

因此,

$$\frac{\Delta f}{\Delta s}=y(\cos\theta)+x(\sin\theta)+\Delta s(\cos\theta)(\sin\theta).$$

当 Δs 趋于无穷小时,极限变成

$$\frac{\mathrm{d}f}{\mathrm{d}s} = y(\cos\theta) + x(\sin\theta)$$

$$= \frac{\partial f}{\partial x}\cos\theta + \frac{\partial f}{\partial y}\sin\theta.$$

称为 $f(x, y)$ 在 θ 方向上的微商(偏微商).

尽管,全微分的表达式

$$\mathrm{d}f = \frac{\partial f}{\partial x}\mathrm{d}x + \frac{\partial f}{\partial y}\mathrm{d}y$$

是出色的,但也屡屡引起下列事情.

例如,在某个平面上有一点 P,它随着时间 t 的变化而运动,所取的坐标是 $(x(t), y(t))$. 有关点 P 的现象用函数 $f(x(t), y(t))$ 表示,我们想研究这个现象与时间变化 t 有关的速度时,就变成求 f 在 t 处的微商.

宛如全微分的表达式一般,在两边乘上 $1/\mathrm{d}t$,得到

$$\frac{\mathrm{d}f}{\mathrm{d}t} = \frac{\partial f}{\partial x}\frac{\mathrm{d}x}{\mathrm{d}t} + \frac{\partial f}{\partial y}\frac{\mathrm{d}y}{\mathrm{d}t}.$$

与目前所说的全微分和偏微商有关的是,虽然变量数目在增加,但从它的含义上看还是一回事.

学习数学的秘诀在于不是背诵公式,而是理解公式的含义. 因此,放弃没用的死记硬背,让我们学会自由自在地使用公式.

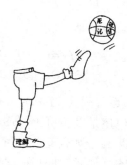

第 57 讲 $\partial(f, g)/\partial(x, y)$
多变量函数的积分的诀窍

$\dfrac{\partial(f, g)}{\partial(x, y)}$ 是称为雅可比式的符号. 例如, 对于二元变量 (x, y) 的实变函数 $f(x, y) = x^2 + y^2$, $g(x, y) = xy$, 求 x 和 y 各自的偏微商, 由

$$\partial f/\partial x = 2x, \ \partial f/\partial y = 2y,$$

$$\partial g/\partial x = y, \ \partial g/\partial y = x,$$

得到下列被称为雅可比矩阵的矩阵,

$$\begin{pmatrix} \partial f/\partial x & \partial f/\partial y \\ \partial g/\partial x & \partial g/\partial y \end{pmatrix} = \begin{pmatrix} 2x & 2y \\ y & x \end{pmatrix}.$$

这个矩阵用符号 $J\begin{pmatrix} f & g \\ x & y \end{pmatrix}$ 表示.

相比雅可比矩阵, 它的行列式具有更重要的含义. 这个行列式称为雅可比式, 记作

$$\frac{\partial(f, g)}{\partial(x, y)}, \frac{D(f, g)}{D(x, y)}, \ J(f, g),$$

也可以用一个 J 来表示. 完整地写成

$$\frac{\partial(f, g)}{\partial(x, y)} = \begin{vmatrix} \partial f/\partial x & \partial f/\partial y \\ \partial g/\partial x & \partial g/\partial y \end{vmatrix}.$$

雅可比式也称为函数行列式. 虽然在 1815 年以前, 法国的柯西已经想到这个形式, 但还是以雅可比(Jacobi, C. G. J.)的名字命名, 那是因为雅可比想到了如何运用这个函数行列式. 在 1829 年, 他研究了这种类型的行列式, 并且在 1841 年, 发表了名为《关

于函数矩阵》的长篇论文. 在论文中,他讨论了函数间的关系与雅可比式的联系.

行列式的符号是莱布尼兹发明的. 有趣的是高斯曾经把行列式(determinant)这个单词用作其他解释,最后,柯西决定采用这个单词作为行列式的名称.

作为高等数学的基础部分,雅可比式出现在积分的章节里.

以单变量函数 $y = f(x) = \sqrt{x}$ 为例,计算这个函数的积分 $\int \sqrt{x}\,\mathrm{d}x$.

采用换元积分法,不费事就能求出这个积分. 设 $t = \sqrt{x}$,用这个新的变量 t 来替换(也称变量代换),得到 $x = t^2$. 因此, $\mathrm{d}x/\mathrm{d}t$ 的值是 $\mathrm{d}x/\mathrm{d}t = 2t$,也就是 $\mathrm{d}x = 2t\,\mathrm{d}t$,因此

$$\int \sqrt{x}\,\mathrm{d}x = \int t(2t)\mathrm{d}t$$
$$= \int 2t^2\,\mathrm{d}t$$
$$= 2/3\,t^3 + C$$
$$= 2/3\left(\sqrt{x}\right)^3 + C(C\text{是任意常数}).$$

现在的问题是 $\mathrm{d}x = 2t\,\mathrm{d}t$ 代表什么?

如图所示,积分是 $\sqrt{x}$ 与长度元 $\mathrm{d}x$ 的积(微小面积)的总和. 变量代换后,$\sqrt{x}$ 变成 t,那么 $\mathrm{d}x$ 变成了什么呢? 为此,有必要将 $\mathrm{d}x$ 换算成 $\mathrm{d}t$. 这个换算表达式是 $\mathrm{d}x = 2t\,\mathrm{d}t$,就是说,长度元 $\mathrm{d}x$ 等于另一个长度元 $\mathrm{d}t$ 的 $2t$ 倍.

在变量代换的过程中,有必要对积分的单位长度元之间进行换算. 这个换算正好是微商 $\mathrm{d}x/\mathrm{d}t(= 2t)$.

现在,让我们对二元函数 $f(x, y)$ 积分. 设某个积分区域为 D,用

$$\iint_D f(x, y)\mathrm{d}x\,\mathrm{d}y$$

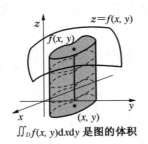

$\iint_D f(x, y)\,dxdy$ 是图的体积

的形式表示.

用 (u, v) 变量代换 (x, y)，令这个坐标变换式分别为 ϕ 和 ψ，

$$x = \phi(u, v),\ y = \psi(u, v).$$

这儿，单位元表示的不是长度，而是面积. 积分是 $f(x, y)$ 与面积元 $dxdy$ 的积的总和. 因此，有必要与 $dudv$ 进行一次换算，这个换算式便是下列雅可比式的绝对值.

$$\partial(x, y)/\partial(u, v) = \begin{vmatrix} \partial\phi/\partial u & \partial\phi/\partial v \\ \partial\psi/\partial u & \partial\psi/\partial v \end{vmatrix}.$$

现在，让我们计算下面这个积分.

位于 xy 平面上的

$$(x + 3y)^2 + (2x + y)^2 \leqslant 9$$

所代表的区域是 D 且 $f(x, y) = 1$ 时，求在 D 上的积分

$$\iint_D dx\,dy.$$

这个积分其实就是计算 D 的面积，就是长 dy、宽 dx 的长方形面积 $dxdy$ 全部重叠在 D 上.

如果就这样计算的话，是一件非常繁琐的事. 采用换元积分法，

$$u = x + 3y,\ v = 2x + y.$$

x 和 y 用新的变量写成

$$x = -1/5(u - 3v) = \phi(u, v),$$
$$y = 1/5(2u - v) = \psi(u, v).$$

接着出现的问题是原来的面积元 $dxdy$ 与新的面积元 $dudv$ 的换算. 在 $x = -1/5(u-3v)$，$y = 1/5(2u-v)$ 的情况下，可以用

长度元 $\mathrm{d}x$, $\mathrm{d}y$, $\mathrm{d}u$, $\mathrm{d}v$ 替换式中的 x, y, u 和 v. 得到

$$\mathrm{d}x = -1/5(\mathrm{d}u - 3\mathrm{d}v) = -1/5\mathrm{d}u + 3/5\mathrm{d}v,$$

$$\mathrm{d}y = 1/5(2\mathrm{d}u - \mathrm{d}v) = 2/5\mathrm{d}u - 1/5\mathrm{d}v.$$

将位于 uv 平面内的面积元 $\mathrm{d}u$ 和 $\mathrm{d}v$ 看作单位矢量 $(1, 0)$ 和 $(0, 1)$. 由 $\mathrm{d}x = -1/5(\mathrm{d}u - 3\mathrm{d}v)$ 和 $\mathrm{d}y = 1/5(2\mathrm{d}u - \mathrm{d}v)$, 知道 $\mathrm{d}x$ 和 $\mathrm{d}y$ 分别为矢量 $(-1/5, 3/5)$ 和 $(2/5, -1/5)$.

现在, 用 $\mathrm{d}u$ 和 $\mathrm{d}v$ 形成的面积 1 来换算 $\mathrm{d}x$ 和 $\mathrm{d}y$ 构成的面积, 而这两个矢量构成的 是平行四边形的面积, 即下列行列式

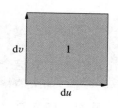 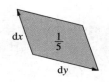

$$\begin{vmatrix} -1/5 & 3/5 \\ 2/5 & -1/5 \end{vmatrix}$$

的绝对值等于 $1/5$.

那么,

$$\iint_D \mathrm{d}x\,\mathrm{d}y = \iint_{D'} \left(\begin{vmatrix} -1/5 & 3/5 \\ 2/5 & -1/5 \end{vmatrix} \text{的绝对值} \right) \mathrm{d}u\,\mathrm{d}v$$

$$= \iint_{D'} 1/5\,\mathrm{d}u\,\mathrm{d}v = 1/5 \iint_{D'} \mathrm{d}u\,\mathrm{d}v.$$

因为 $u^2 + v^2 \leqslant 9$, 所以 D' 是半径为 3 的圆, 它的面积是 9π, 那么 $\iint_{D'} \mathrm{d}u\,\mathrm{d}v = 9\pi$. 由此得到, $\iint_D \mathrm{d}x\,\mathrm{d}y = 1/5 \times 9\pi = 5/9\pi$. 瞧, 积分求好了.

通过这个面积的换算引出的算式得到下列雅可比式:

$$\partial\phi/\partial u = -1/5, \quad \partial\phi/\partial v = 3/5,$$

$$\partial\psi/\partial u = 2/5, \quad \partial\psi/\partial v = -1/5,$$

$$\begin{vmatrix} \partial\phi/\partial u & \partial\phi/\partial v \\ \partial\psi/\partial u & \partial\psi/\partial v \end{vmatrix} = \begin{vmatrix} -1/5 & 3/5 \\ 2/5 & -1/5 \end{vmatrix}.$$

面积和体积的结构对应于积分过程中的变量代换,在对这种结构的调整过程中,出现了雅可比式.

一般地,用 $x = \phi(u, v)$ 和 $y = \psi(u, v)$ 代换变量时,如果这个变量代换是 xy 平面上的区域 D 与 uv 平面上的区域 D' 之间的一点对应一点时,

$$\iint_D f(x, y)\mathrm{d}x\,\mathrm{d}y = \iint_{D'} f(\phi(u, v), \psi(u, v)) |J| \mathrm{d}u\,\mathrm{d}v$$

成立.其中,$|J|$ 是雅可比式的绝对值,这个 $|J|$ 也是结构的调整.

在极坐标 $x = r\cos\theta,\ y = r\sin\theta$ 的特殊情况下,$|J| = r.$

在其他方面,雅可比式讨论函数与函数之间的关系,作为隐函数存在定理等定理的条件而被广泛使用.

第58讲 $\displaystyle\int_C$

线积分是什么样的积分?

不管什么情况下,积分的定义本质上是相同的,只是具有不同的形式.不了解这层意思,就没法正确计算积分.确实,这种不同表现在积分符号下所标出的范围及其变量等方面,在认识到区别的基础上进行积分计算是必不可缺的方针.

这一讲所说的符号 $\displaystyle\int_C$ 称为线积分.在学习之前,让我们先复习一下高中所学的积分知识.

在 $0 \leqslant x \leqslant 1$ 的范围内,计算 $y = f(x) = x^2$ 的变量 x 的积分,记作

$$\int_0^1 f(x)\mathrm{d}x.$$

对区间 $[0,1]$ 适当的 n 次分割(也可以等分),得到 $x_0 = 0$,x_1,x_2,$\cdots$,$x_n = 1$.第 i 个小区间 $[x_{i-1},x_i]$ 的长度和 $f(x_i)$ 相乘的积构成小长方形的面积,将 n 个小长方形的面积相加,记作 $S_n = \displaystyle\sum_{i=1}^{n} f(x_i)\Delta x_i$.小区间 Δx_i 的长度越小,可以分割的区间数 n 也就越大,这时,数列 $\{S_n\}$ 的极限是积分.因此,这个极限记作 $\displaystyle\int f(x)\mathrm{d}x$,也就是

$$\int_0^1 f(x)\mathrm{d}x = \lim_{n \to 0} S_n,$$

这是计算 $0 \leqslant x \leqslant 1$ 范围内,曲线 $y = x^2$ 和 x 轴围成的面积.

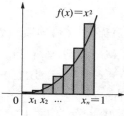

当然,由积分的定义直接进行计算

绝不是一个聪明的办法.不管怎么说定义就是定义,实际计算时还得通过其他方法.这是数学上的家常便饭,好比参加登山培训班和真正的登山是有天壤之别的.

　　计算函数 $f(x)$ 在 a 到 x 之间的积分,$F(x)$ 是与 $f(x)$ 对应的在这区间上的另一个函数,则有

$$\int_a^x f(x)\mathrm{d}x = F(x) - F(a),$$

称为牛顿-莱布尼兹公式.

　　简单地说,牛顿在研究下列图形时发现了"如果对函数 F 微分,就得到函数 f"这种积分和微分之间所具有的互逆运算关系.

　　极其微小地增加 x,这个增量记作 Δx(增量用 Δ 表示始于欧拉).根据下面的图形,从 0 开始到 x 的面积记作 $F(x)$ 的话,那么到增加了 Δx 的 $x+\Delta x$ 为止的面积就记作 $F(x+\Delta x)$,它们之间的增量是 $F(x+\Delta x) - F(x)$.当 Δx 是无穷小时,由图所示,增量 $F(x+\Delta x) - F(x)$ 近似等于 $f(x)\Delta x$,就是

$$F(x + \Delta x) - F(x) \doteqdot f(x)\Delta x$$

由此得到

$$\frac{F(x + \Delta x) - F(x)}{\Delta x} \doteqdot f(x)$$

当 $\Delta x \to 0$ 时,等式左边变成 $\mathrm{d}F/\mathrm{d}x$,故有

$$\frac{\mathrm{d}F}{\mathrm{d}x} = f(x),$$

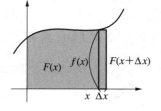

$F(x)$ 称为 $f(x)$ 的原函数[原函数这个称呼来自勒让德(Legendre, A. M.)].C 是常数,由 $G(x) = F(x) + C$ 得到 $\mathrm{d}G/\mathrm{d}x = \mathrm{d}F/\mathrm{d}x = f(x)$.显而易见地,随着常数的不同,原函数是不相同的.

　　因此,在实际计算 $x = 0$ 到 $x = 1$ 的积分时,得到

$$G(1) - G(0) = (F(1) + C) - (F(0) + C)$$
$$= F(1) - F(0).$$

计算后的结果与原来相同,这就不产生任何问题了.

　　对某个函数积分也就是先求出它的原函数. 在 $y = x^2$ 中,可以先求出 $f(x) = x^2$ 的原函数,即找出微分之后的值是 x^2 的函数. 因此原函数中的一个是 $F(x) = (1/3)x^3$, 那么

$$\int_a^x f(x)\mathrm{d}x = \frac{1}{3}x^3 - \frac{1}{3}a^3.$$

　　为了使数学被应用在不同的领域,单靠简单积分是不够的,以后还会出现二重、三重以上的积分. 物理学中,力、运动以及功等入门知识概念的导入离不开数学上的解释.

　　在水的流动、物体的加热过程中,密度、热度或者温度等是通过某个粒子的位置(坐标)和时间构成的实变函数来表现的,它们称为标量场. 例如,加热板上的点 P 所取的坐标是 (x, y),这个点 P 的温度用函数 $f(x, y)$ 表示. 同样地,流体内的点 P 坐标是 (x, y, z),这个点上的密度用函数 $g(x, y, z)$ 表示.

　　这时,出现了在某条曲线或者某个曲面上,对 $f(x, y)$ 以及 $g(x, y, z)$ 积分的必要性. 在某条曲线上的积分叫作线积分(或曲线积分). 先把它的意义放在一边,主要是它的定义与我们迄今为止所说的积分大同小异.

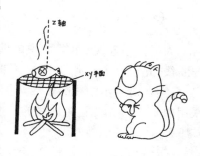

　　平面上的曲线是指带着某个参数 t 的点 $P(x(t), y(t))$ 移动时留下的轨迹. 假如参数 t 的移动区间是 $[a, b]$,则曲线写成 $c(t) = (x(t), y(t))(a \leqslant t \leqslant b)$.

　　那么,让我们来看一下位于某个平面上的函数 $f(x, y)$.

　　对函数 $f(x, y)$ 在平面上的一条曲线上的积分可以作出以下

定义：

有一条曲线 $c(t) = (x(t), y(t))$，其中参数 t 的区间 $[a, b]$ 被细分成 n 个由 $t_0 = a, t_1, t_2, \cdots, t_n = b$ 构成的小区间，得到 $c(a) = p_0, c(t_1) = p_1, c(t_2) = p_2, \cdots, c(b) = p_n$.

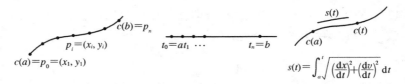

现在，取点 p_i 的坐标是 (x_i, y_i)，$f(x_i, y_i)$ 和 $\Delta t_i = t_i - t_{i-1}$ 的积是 $f(x_i, y_i) \cdot \Delta t_i$，和是 $T_n = \sum_{i=1}^{n} f(x_i, y_i) \cdot \Delta t_i$. 这个分割趋于无限小时（$n$ 次分割的 n 无限增大时），则称数列 T_n 的极限为 $f(x, y)$ 在这条曲线上的线积分，记作

$$\int_C f(x, y)\mathrm{d}t$$

（当然，别忘了讨论这个极限是否存在）.

$$\int_C f(x, y)\mathrm{d}t = \int_a^b f(x, y)\mathrm{d}t = \lim_{n \to \infty} \sum_{i=1}^{n} f(x_i, y_i) \cdot \Delta t_i \quad (1)$$

为了简单起见，这儿所说的曲线都是光滑的. 对于逐段光滑的曲线，先对每个光滑段积分，再将所有的积分值相加.

还有，对表示曲线的参数 t 也没有特别的限制. 不用 t，也可以采用由 $c(a)$ 开始的这条曲线的长度. 假设从 $c(a)$ 到 $c(t)$ 的长度是 s，那么 s 是 t 的函数.

$c(a)$ 到 $p_{i-1} = c(t_{i-1})$ 的长度是 $s(t_{i-1})$，且到 $p_i = c(t_i)$ 的长度是 $s(t_i)$，则 $\Delta s_i = s(t_i) - s(t_{i-1})$. 这样，得到曲线本身的 n 次分割.

现在，对

$$S_n = \sum_{i=1}^{n} f(x_i, y_i) \cdot \Delta s_i$$

讨论 n 无限增大时的极限，写成

$$\int_C f(x,y)\mathrm{d}s = \lim_{n\to\infty}\sum_{i=1}^{n} f(x_i,y_i)\cdot\Delta s_i.$$

并且，对应于 $t_0=a$, t_1, t_2, $\cdots$, $t_n=b$ 的 x 坐标是 $x(t_i)=x_i$ 时，利用上式，对 $\Delta x_i = x(t_i)-x(t_{i-1})$，讨论下列积分：

$$\int_C f(x,y)\mathrm{d}x = \lim_{n\to\infty}\sum_{i=1}^{n} f(x_i,y_i)\cdot\Delta x_i.$$

所有这些都被称为在曲线上的积分. 不同的只是增量 Δ 的取法. 条条大路通罗马，用哪种方法都可以. 这么一来，它们之间的换算方法便成了关键.

不管是 s 还是 x，原本都是参数 t 的函数 $s=s(t)$ 和 $x=x(t)$.

关于 $s=s(t)$，因为微分是各自的增量 Δt 和 Δs 的比 $\Delta s/\Delta t$ 在 Δt 趋于零时的极限，对于无穷小的增量 Δt，存在 $\mathrm{d}s/\mathrm{d}t\doteqdot\Delta s/\Delta t$. 所以，根据 $\Delta s\doteqdot(\mathrm{d}s/\mathrm{d}t)\Delta t$，由

$$\begin{aligned}\Delta s_i &= s(t_i)-s(t_{i-1})\\ &\doteqdot(\mathrm{d}s/\mathrm{d}t)(t_i-t_{i-1})\\ &=(\mathrm{d}s/\mathrm{d}t)\Delta t_i\end{aligned}$$

得到：

$$\begin{aligned}\int f(x,y)\mathrm{d}s &= \lim_{n\to\infty}\sum_{i=1}^{n} f(x_i,y_i)\cdot\Delta s_i\\ &=\lim_{n\to\infty}\sum_{i=1}^{n} f(x_i,y_i)\cdot(\mathrm{d}s/\mathrm{d}t)\Delta t_i\\ &=\int f(x,y)(\mathrm{d}s/\mathrm{d}t)\mathrm{d}t. \end{aligned}\tag{2}$$

采用同样的方法，得到：

$$\int f(x,y)\mathrm{d}x = \int f(x,y)(\mathrm{d}x/\mathrm{d}t)\mathrm{d}t.\tag{3}$$

如此一来,采用曲线长度 s 以及由 x 坐标的 x 得到的积分 (2)和(3)被译成了(1)的语言形式.

必须注意的是线积分与曲线 C 的方向有关.在这一点上,普通积分中也有相关的内容,$c(a)$ 到 $c(b)$ 上的积分正好与 $c(b)$ 到 $c(a)$ 上的积分符号相反.

$$\int_b^a f(x,\ y)\mathrm{d}t = -\int_a^b f(x,\ y)\mathrm{d}t.$$

还有一个与普通积分不同的地方,它与连接平面上的两点 P 和 Q 的曲线所经过的路径有关.在普通积分中,由

$$\int_a^b f(x)\mathrm{d}x = F(b) - F(a)$$

的右边了解到它只依赖于原函数 F 的起点 a 和终点 b 的数值.然而,在线积分中,即使端点相同,由于路径不同,其积分值也不同.

举个实例看一下,有两条连接 $P(0,\ 0)$ 和 $Q(1,\ 1)$ 的曲线: $B:b(t)=(t,\ t)(0\leqslant t\leqslant 1)$ 和 $C:c(t)=(t,\ t^2)(0\leqslant t\leqslant 1)$. $f(x,\ y)=xy$ 在这两条曲线上的积分分别为:

$$\int_B f(x,\ y)\mathrm{d}t = \int_0^1 t^2\mathrm{d}t = \frac{1}{3},$$

$$\int_C f(x,\ y)\mathrm{d}t = \int_0^1 t^3\mathrm{d}t = \frac{1}{4}.$$

另外,路径是闭合曲线时,用符号 $\oint$ 表示,记作

$$\oint_C f(x,\ y)\mathrm{d}t.$$

其中,闭合曲线中,规定由这条曲线围成的区域的左侧的曲线方向为正(逆时针方向为正).

第 59 讲

$$\iint$$

二重积分是……

前面我讲过了线积分,线积分指的是在曲线上的积分.

$\iint_D$ 是平面上的区域 D 内的积分符号,这个积分称为二重积分.

假设区域 D 是由平面上的圆或者椭圆等光滑曲线围成的,$z = f(x, y)$ 在这个区域上有定义,且是一个连续的实变函数. 分别用平行于 x 轴和 y 轴的线切割这个区域,得到一小块一小块的长方形,好似罩在 D 上的一张网. 然后,给与 D 重合的小块长方形标上编号. 假设与 D 重合的小块长方形有 n 个,将第 i 个小块记作 A_i,它的面积就是 ΔA_i. 既是在每个 A_i 上,也是在 D 上适当的取一点 (x_i, y_i),然后讨论一下函数值 $f(x_i, y_i)$ 和 ΔA_i 的积. 这 n 块全部相加的和记作 S_n:

$$S_n = \sum_{i=1}^{n} f(x_i, y_i) \Delta A_i.$$

按照积分的常规做法,讨论这张网的网眼逐渐变小也就意味着罩在 D 上的小块长方形的块数 n 的逐渐增加. 这时,称数列 S_n 的极限为函数 $f(x_i, y_i)$ 在 D 上的二重积分,记作

$$\iint_D f(x, y) \mathrm{d}x \mathrm{d}y$$

(当然,别忘了讨论这个极限是否存在). 因此,

$$\iint_D f(x, y) \mathrm{d}x \mathrm{d}y = \lim_{n \to \infty} \sum_{i=1}^{n} f(x_i, y_i) \Delta A_i.$$

通过定义就能了解到,当 $f(x,y)=1$ 时,$\iint_D \mathrm{d}x\mathrm{d}y$ 表示 D 的

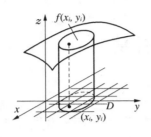

面积.并且,在 $z=f(x,y)>0$ 的条件下,这个积分表示一个图形的体积.这个图形的底部是平面 D,它的顶部是由 $z=f(x,y)$ 所确定的面.

还要提一下二重积分的另一个性质:积分中值定理.

在 D 上存在一点 (a,b) 使下列等式

$$\iint_D f(x,y)\mathrm{d}x\mathrm{d}y = f(a,b)A(D)$$

成立.其中,$A(D)$ 是区域 D 的面积.

其实,单凭定义是没有办法计算出积分值的,有这种想法是合情又合理.为此,有必要找到实际计算的方法.通过"二重积分"这个名字,我们知道二重积分实质上就是重复计算普通的单变量函数的积分.

在实际计算过程中,可以按以下的方式来考虑.这儿,重要的是表达区域 D 的算式.

首先,考虑在非常单纯的情况下的区域 D.移动平行于 y 轴的线后,得到 D 的左端和右端,分别假设它们是 $x=a$ 和 $x=b(a<b)$.这两个交点将 D 分成上侧和下侧,它们所在的边界曲线具有的方

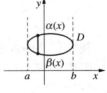

程是:$y=\alpha(x)$,$y=\beta(x)$.

这时得到的积分是由过 $a\leqslant x\leqslant b$ 的 x 且平行于 yz 平面的面构成的图形面积

$$\int_{\beta(x)}^{\alpha(x)} f(x,y)\mathrm{d}y.$$

在 x 方向上,对由 $x=a$ 到 $x=b$

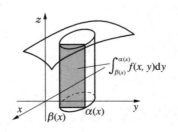

的范围求和就可以了,得到:

$$\iint_D f(x,\ y)\mathrm{d}x\mathrm{d}y = \int_a^b \left[\int_{\beta(x)}^{\alpha(x)} f(x,\ y)\mathrm{d}y\right]^* \mathrm{d}x.$$

　　同样地,移动平行于 x 轴的线时,分别得到 D 的上端和下端 $y = c$ 和 $y = d(c < d)$. 因此,这两个交点的左侧和右侧的边界曲线用表达式 $x = \gamma(x)$ 和 $x = \delta(y)$ 写出,积分就是

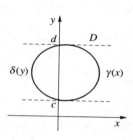

$$\iint_D f(x,y)\mathrm{d}x\mathrm{d}y = \int_c^d \left[\int_{\delta(y)}^{\gamma(y)} f(x,y)\mathrm{d}x\right]\mathrm{d}y.$$

　　像这样,一个个单变量积分计算的方法称为累次积分.

$$\iint_D f(x,\ y)\mathrm{d}x\mathrm{d}y = \int_a^b \left[\int_{\beta(x)}^{\alpha(x)} f(x,\ y)\mathrm{d}y\right]\mathrm{d}x$$

$$= \int_c^d \left[\int_{\delta(y)}^{\gamma(y)} f(x,\ y)\mathrm{d}x\right]\mathrm{d}y.$$

　　例如,在函数 $f(x,\ y) = xy$ 的区域 $D = \{(x,\ y) \mid x \geqslant 0,\ y \geqslant 0,\ x^2 + y^2 \leqslant 1\}$ 上计算二重积分. 区域 D 的边界不是光滑的,但是由 3 条光滑曲线(包括 2 条直线)围成的. 对于由有限条光滑曲线围成的图形,能够用上述积分方法进行讨论. 现在,移动平行于 y 轴的直线,了解到区域 D 围绕在 $x = 0$ 和 $x = 1$ 之间. 原来这个区域的左端并不是由一个点构成的,而是由一条线构成的. 因此,累次积分就容易了.

　　这个区域的上侧是

$$y = \alpha(x) = \sqrt{1 - x^2},$$

下侧是

$$\beta(x) = 0.$$

因此,

$$\iint_D f(x, y)\mathrm{d}x\mathrm{d}y = \int_0^1 \left[\int_0^{\sqrt{1-x^2}} xy\,\mathrm{d}y \right] \mathrm{d}x$$

$$= \int_0^1 \frac{1}{2}xy^2 \Big|_0^{\sqrt{1-x^2}} \mathrm{d}x$$

$$= \int_0^1 \frac{1}{2}x(1-x^2)\mathrm{d}x$$

$$= \frac{1}{2}\int_0^1 (x-x^3)\mathrm{d}x$$

$$= \frac{1}{2}\left(\frac{1}{2}x^2 - \frac{1}{4}x^4\right)\Big|_0^1$$

$$= \frac{1}{8}.$$

这个二重积分存在回归到周围边界的线积分的情况.

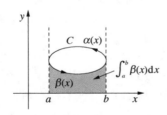

以单纯的凸形区域 D 为例. D 的外围曲线是 C, 正如大家所看到的那样, 它被长方形巧妙地包围着. 这时, 其外壁与长方形在一点上接触. 假设上侧的曲线为 $y = \alpha(x)$, 下侧的曲线为 $y = \beta(x)$.

现在, 计算函数 $f(x, y) = y$ 在这条线上的线积分:

$$\int_C f(x, y)\mathrm{d}x = \int_a^b y\,\mathrm{d}x$$

$$= \int_a^b \beta(x)\mathrm{d}x + \int_b^a \alpha(x)\mathrm{d}x$$

$$= \int_a^b \beta(x)\mathrm{d}x - \int_a^b \alpha(x)\mathrm{d}x.$$

$\int_a^b \beta(x)\mathrm{d}x$ 表示的是 $\beta(x)$ 到 x 轴之间的面积, $\int_a^b \alpha(x)\mathrm{d}x$ 表示的是 $\alpha(x)$ 到 x 轴之间的面积. 因此, 上式右侧显然表示的是 $-D$ 的面积. 由此得到

$$\int_C f(x, y) \mathrm{d}x = \int_C y \mathrm{d}x = -\iint_D \mathrm{d}x \mathrm{d}y.$$

然后,计算 $g(x, y) = x$ 在这条线上的线积分. 这次,假设这两条曲线分别为 $x = \delta(y)$ 和 $x = \gamma(y)$,则:

$$\int_C g(x, y) \mathrm{d}y = \int_c^d x \mathrm{d}y$$

$$= \int_c^d \gamma(y) \mathrm{d}y + \int_d^c \delta(y) \mathrm{d}y$$

$$= \int_c^d \gamma(y) \mathrm{d}y - \int_c^d \delta(y) \mathrm{d}y.$$

等式右边表示的是 D 的面积,由此得到:

$$\int_C g(x, y) \mathrm{d}y = \int_C x \mathrm{d}y = \iint_D \mathrm{d}x \mathrm{d}y.$$

将以上两个结果合在一起得到:

$$\iint_D \mathrm{d}x \mathrm{d}y = \frac{1}{2} \int_C (x \mathrm{d}y - y \mathrm{d}x).$$

在运用这种方法的过程中,发明了称为求积仪的仪器. 对于由曲线围成的图形,只要将它贴近图形的周围移动,就可以计算出面积.

使二重积分回归到线积分的是一种特别形式——格林公式.

格林(Green, G.)其实不是一位数学家,他是英国的面包师傅. 在他死后,格林的名字才为人所知.

格林公式

设 D 为平面上的某个被光滑曲线 C 围成有界区域(这条曲线称为边界曲线). 这时,若函数 $f(x, y)$、$g(x, y)$ 在包含 D 的更大区域内能够微分,且它们的导函数也是连续的,则下式

$$\iint_D \left(\frac{\partial g(x,\,y)}{\partial x} - \frac{\partial f(x,\,y)}{\partial y} \right) \mathrm{d}x\,\mathrm{d}y = \int_C (f\,\mathrm{d}x + g\,\mathrm{d}y)$$

成立.其中,曲线 C 使区域 D 通常保持在左边,并沿着带有方向的参量积分.

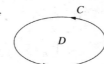

---

* 原著使用的是大括号 { }.

第60讲　grad, ∇
日本的经济陷入无底的泥沼中？

grad 是 gradient 的缩略语,译作"梯度". 梯度含有斜率的意思.

这是一个针对函数 f 定义的概念. 不能单独使用 grad, 一般写成 grad$f$ 的形式.

例如,函数 $f(x) = x^2$ 的微商是 $\mathrm{d}f/\mathrm{d}x = 2x$, 那么,在 $x = 1$ 处的微商等于 $(\mathrm{d}f/\mathrm{d}x)_{x=1} = 2$, 它表示函数 $y = f(x)$ 上的点在 $x = 1$ 处图形的切线的斜率. 这种斜率称为梯度,这个梯度(=斜率)表现了函数 f 的变化状态. 然而,在单变量函数的情况下,梯度其实就是微商,所以,没有特意地把这个梯度写成 grad$f$.

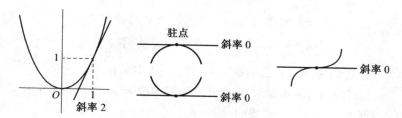

一般地,在讨论单变量的实变函数 $f: R \rightarrow R$ 时,把梯度等于 0 的点称为 f 的驻点,这个点就变成赋予函数 f 特征的点了. 这个驻点可以是 f 的极大点(山顶)、极小点(炒锅的锅底)或拐点(S 形弯)中的任何一个. 为了判定它是哪一种类型,有必要观察梯度在驻点前后的变化状况. 在 $f(x) = x^2$ 中,驻点也是微分消失的点,即 $x = 0$.

这儿,讨论一下 $x = 0$ 附近的情况. 当 $x = -1/2$ 时, $(\mathrm{d}f/\mathrm{d}x)_{x=-1/2} = -1$, 因此这个梯度(斜率)是负的. 当 $x = 1/2$ 时, $(\mathrm{d}f/\mathrm{d}x)_{x=1/2} = 1$, 梯度是正的. 由此可见,当 $x < 0$ 时,这条曲线

的切线的梯度是负的. 随着 x 值渐渐趋于 0, 梯度也渐渐趋于和缓. 在 $x = 0$ 处, 梯度变成水平. 当 $x > 0$ 时, 梯度是正的, 且伴随着 x 值远离 0, 梯度也发生急剧变化. 因此, 这个驻点 $x = 0$ 变成了炒锅的锅底, 这一点也称为极小点(得到最小值的点). 过去, 有一种锅底式景气(经济持续萧条)的说法. 一旦经济发展沉到了锅底, 也就意味着再次上升的时机. 但是, 看看现在的经济状况, 呆在锅底一动不动而令人烦躁. 因而, 判断是否存在锅底是相当重要的, 这也是驻点的重要性. 如果, 与此相反, 在驻点附近梯度的变化是由正向负的话, 这个点就变成了山顶, 能得到最大值. 在驻点的前后处没有符号变化时, 这个点被称为拐点(或扭转点). 是不是近似于现在的经济状况?

不过, 由于在驻点处微商是零, 还可以通过二阶微商来判别. 在驻点, 二阶微商的符号是正的, 它是极小点; 若是负的, 则是极大点.

$$f'(a) = 0, \ f''(a) > 0 \Rightarrow x = a \text{ 是极小点,}$$

$$f'(a) = 0, \ f''(a) < 0 \Rightarrow x = a \text{ 是极大点,}$$

$$f'(a) = 0, \ f''(a) = 0 \Rightarrow ? \text{ (没法明白).}$$

让我们在二元实变函数 $z = f(x, y)$ 中讨论一下这个情况.

这个 f 中, 关键是对变量 x 的微商 $\partial f / \partial x = f_x$ 和对变量 y 的微商 $\partial f / \partial y = f_y$ 形成的数对 (f_x, f_y).

微商 $\partial f / \partial x = f_x$ 指的是函数 $f(x, y)$ 的 y 看作常量, 只对 x 求微商, 称为对 x 的偏微商. 设 $f(x, y) = x^2 + y^2$, 则有 $\partial f / \partial x = f_x = 2x$, 同样可以得到 $\partial f / \partial y = f_y = 2y$. 那么, $(f_x, f_y) = (2x, 2y)$, 用 $\mathrm{grad} f$ 表示, 称为 f 在点 (x, y) 的梯度或者梯度矢量.

也可以用 ∇f 来代替 $\mathrm{grad} f$. ∇ 读成纳布拉(Nabla), 因为形同亚述的纳布拉竖琴而得名. ∇ 是 Δ 的逆形式, 听说过去在有些书中, 按 delta 的逆顺序把它读成 atled, 但现在已经很难听到这种读法了. 把 $\nabla = (\partial / \partial x, \partial / \partial y)$ 作为算符, 写成

$$\nabla f = (\partial f/\partial x, \partial f/\partial y).$$

由此，∇ 也能看成是作用于 f 的符号.

与单变量时一样，梯度等于 0 的点(使 $f_x = f_y = 0$ 的点)称为 f 的驻点.这个驻点也与单变量时的驻点一样，赋予这个函数 f 变化特征.

例如，下图是 $z = f(x, y) = x^2 + y^2$ 的图形.在这儿，驻点是使 $f_x = \partial f/\partial x = 2x = 0$ 和 $f_y = \partial f/\partial y = 2y = 0$ 成立的点.因此，驻点是原点$(0, 0)$.正是这一点恰恰成了锅底.

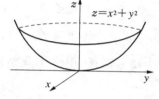

那么，在 $z = f(x, y) = x^2 - y^2$ 中会是怎样的呢？

由梯度 $\mathrm{grad} f = (f_x, f_y) = (2x, -2y)$ 来计算驻点，得到 $f_x = 2x = 0$ 和 $f_y = -2y = 0$，由点$(0, 0)$知道也是一个原点.总之，这两题中原点都是驻点.唯一的区别在于后者不能称为锅底.关于这个区别，看一下梯度 $\mathrm{grad} f = (f_x, f_y) = (2x, -2y)$ 就能明白了.

因为，$f_x = \partial f/\partial x = 2x$ 作为 y 被看作常量情况下得到的微商，特别是 $y = 0$，也就是把 $z = f(x, 0) = x^2$ 的图形放在 xz 平面上来考虑的话，如同单变量似的，这个驻点 $x = 0$ 所在的地方就是一个底.

另一方面 $f_y = \partial f/\partial y = -2y$，当 $x = 0$，也就是把 $z = f(0, y) = -y^2$ 的图形放在 yz 平面上来考虑的话，这个驻点 $y = 0$ 所

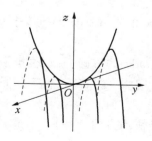

在的地方就是山顶.根据这些分析，我们勾画出驻点$(0, 0)$附近的情况：一个沿着 x 轴是锅底、沿着 y 轴是山顶的图形.像这样的驻点称为鞍点(saddle point).

综上所述，$\mathrm{grad} f$ 能够确定驻点周围的形状.

grad$f$ 被称为梯度的理由在于它具备了与梯度这个称呼相称的特点. 实际上, grad$f$ 是矢量, 它的方向和大小具有特别的含义.

让我们通过刚才的函数 $z = f(x, y) = x^2 + y^2$ 来看看这个特点.

x 和 y 采用一个适当的参量 t, 作为 t 的函数分别写成 $x(t)$ 和 $y(t)$. 假如 t 是在数轴上移动的话, $(x(t), y(t))$ 描绘的是一条在 xy 平面上的曲线. 用 $\phi(t)$ 代表这条曲线, 那么, $\phi(t) = (x(t), y(t))$ 称为曲线.

接着, 沿着这条曲线来讨论 $z = f(x, y)$, 将

$$z(t) = f(x(t), y(t)) = x^2(t) + y^2(t)$$

在 t 处求微商, 相当于观察沿着这条曲线的 z 值将会发生的变化. 由

$$\frac{\mathrm{d}z}{\mathrm{d}t} = 2x(t)\frac{\mathrm{d}x}{\mathrm{d}t} + 2y(t)\frac{\mathrm{d}y}{\mathrm{d}t}$$

发现等式右边等于矢量 $(2x(t), 2y(t))$ 与 $(\mathrm{d}x/\mathrm{d}t, \mathrm{d}y/\mathrm{d}t)$ 的内积.

前项 $(2x(t), 2y(t))$ 是 grad$f$, 后项 $(\mathrm{d}x/\mathrm{d}t, \mathrm{d}y/\mathrm{d}t)$ 表示沿着曲线 $(x(t), y(t))$ 的切矢量 $\frac{\mathrm{d}\phi}{\mathrm{d}t}$. z 的变化由 grad$f$ 和切矢量来决定.

用 t 表示切矢量 $\frac{\mathrm{d}\phi}{\mathrm{d}t}$, 它与矢量 grad$f$ 的夹角是 θ, 则

$$\frac{\mathrm{d}z}{\mathrm{d}t} = \mathrm{grad}f \cdot t = |\mathrm{grad}f| \cdot |t|\cos\theta^*.$$

$\theta = 0$ 时, $\mathrm{d}z/\mathrm{d}t$ 的值是最大的. 而 $\theta = \pi/2$ 时, $\mathrm{d}z/\mathrm{d}t$ 的值等于 0 (||是矢量的大小, · 是内积).

$\theta = 0$ 时, 切矢量 t 的方向与矢量 grad$f$ 的方向一致, 位于沿矢量 grad$f$ 方向的曲线上的 z 不断增大. 它的增加部分是 $|\mathrm{grad}f|$ 的平方, 即矢量 grad$f$ 的长度的平方值.

grad$f$ 的方向相同与 z 的值增长最快的方向, 它的大小是矢

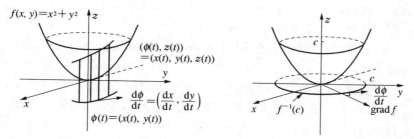

量长度的平方值，这也是矢量(f_x, f_y)称为梯度的缘由.

还有，$\theta = \pi/2$时，$\mathrm{d}z/\mathrm{d}t = 0$，且$z =$常数. 沿着使得$z =$常数$c$的点，也可以记作$\{(x, y) \mid x^2 + y^2 = c\}$[或写成$f^{-1}(c)$]所在的曲线，得到的矢量就是$t$，那么，这意味着$\mathrm{grad}f$和$f^{-1}(c)$互相垂直.

最基本地，对于$w = (x, y, z)$，梯度矢量是

$$\mathrm{grad}f = (f_x, f_y, f_z),$$

具有以上所说的性质.

如上所述，决定$z = f(x, y)$或者$w = (x, y, z)$的形状特征的是$\mathrm{grad}f$的移动以及它的驻点，但是这个驻点附近的情况不如单变量时来得简单. 它们与单变量时的共同之处在于对驻点进行二阶微分的必要性. 2 个变量以上的情况下，引进了由二阶偏微分构成的矩阵，这种二阶偏微分构成的矩阵称为哈赛矩阵，其行列式称为哈赛式. 哈赛(Hasse, H.)是 19 世纪的德国数学家.

$z = f(x, y)$的哈赛矩阵是

$$\begin{vmatrix} \dfrac{\partial}{\partial x}\dfrac{\partial f}{\partial x} = f_{xx} & \dfrac{\partial}{\partial y}\dfrac{\partial f}{\partial x} = f_{yx} \\ \dfrac{\partial}{\partial x}\dfrac{\partial f}{\partial y} = f_{xy} & \dfrac{\partial}{\partial y}\dfrac{\partial f}{\partial y} = f_{yy} \end{vmatrix}.$$

f能够进行多阶微分时，由于$f_{xy} = f_{yx}$，该矩阵变成对称矩阵.

让我们来总结一下：

这行列式是正的，且$f_{xx} > 0$时，驻点是极小点.

这行列式是正的,且 $f_{xx} < 0$ 时,驻点是极大点.

这行列式是负的,得到鞍点.

通常情况下,假设在 R^2 或者 R^3 内有一个矢量场 $\boldsymbol{F}$(矢量函数),如果存在某个一个二元或者三元函数 f,且得到 $\boldsymbol{F} = \nabla f$ 时,称 f 为 $\boldsymbol{F}$ 的势函数.在物理中,使 $\boldsymbol{F} = -\nabla f$ 成立的 f 称为势函数,其中 $\boldsymbol{F}$ 代表力、f 代表势能之类的能量.因此,物理等其他学科中出现矢量场 $\boldsymbol{F}$ 时,表现这个矢量场的势是否存在是一个主要问题.

---

* 原著中使用的是 $\|\quad\|$ 表示适量的长度.

第 61 讲　div
用数学语言描述流动

　　div 是 divergence(散度)的缩略语,它被使用在矢量解析中.

　　在空间的某个区域内定义矢量函数称为矢量场. 设 V 是在 R^3 空间中某个区域内有定义的矢量场,

$$V(x,\,y,\,z)=(f(x,\,y,\,z),\,g(x,\,y,\,z),\,h(x,\,y,\,z)).$$

譬如 V 是流体的速度,把算符

$$\nabla=\left(\frac{\partial}{\partial x},\,\frac{\partial}{\partial y},\,\frac{\partial}{\partial z}\right)$$

看作形式上的矢量、∇ 和 V 是形式上的内积,得到

$$\nabla\cdot V=\frac{\partial f}{\partial x}+\frac{\partial g}{\partial y}+\frac{\partial h}{\partial z}.$$

记作 $\mathrm{div}V$,称为 V 的散度.不想探究内积定义的人只要就事论事地记住 $\mathrm{div}V$ 是 $\partial f/\partial x+\partial g/\partial y+\partial h/\partial z$ 就可以了.

　　$\nabla\cdot V=\mathrm{div}V$ 被称为散度还有以下原因:

　　无论是水管还是江河,假设它的流速是 V. 局部地考虑在各点处有一个非常小的立方体,总有水会沿着 $x,\,y,\,z$ 方向流出.这时,这些方向的单位体积所流出的流量的和等于 $\mathrm{div}V$.

　　现在,密度是 ρ 的流体,其流速是

$$V=(v_1,\,v_2,\,v_3).$$

每单位面积的质量改变速率是

$$\rho V=(\rho v_1,\,\rho v_2,\,\rho v_3).$$

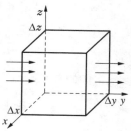

假设它通过一个边长 Δx，Δy，Δz（Δx 意味着 x 方向上的微小变化）与坐标轴平行的长方体 D，这个长方体的体积记作 ΔD，则 $\Delta D = \Delta x \Delta y \Delta z$.

计算由 D 的一个与 y 轴垂直的侧面流入的流量和从其相对的侧面流出的流量. 这两个面垂直于 y 轴，因此，只与 ρv_2 有关. 在极其短暂的时间 Δt 内从左侧面流入的流体质量是

$$\rho v_2(x，y，z)\Delta x \Delta z \Delta t.$$

同时，相同时间内从右侧面流出的质量是

$$\rho v_2(x，y+\Delta y，z)\Delta x \Delta z \Delta t，$$

其中含有一个近似算式

$$\rho v_2(x，y+\Delta y，z) = \rho v_2(x，y，z) + \frac{\partial \rho v_2}{\partial y}\Delta y$$

（作为只与变量 y 有关的单变量函数的微分来看，对于 $g(y) = \rho v_2(x，y，z)$，由于 $\dfrac{g(y+\Delta y)-g(y)}{\Delta y} \doteqdot g'(y)$，可以认为去掉了分母）因此，流入和流出的差是

$$(\rho v_2(x，y+\Delta y，z) - \rho v_2(x，y，z))\Delta x \Delta z \Delta t$$

$$= \frac{\partial \rho v_2}{\partial y}\Delta y \Delta x \Delta z \Delta t$$

$$= \frac{\partial \rho v_2}{\partial y}\Delta D \Delta t.$$

用同样的方法计算剩余的 4 个面，得到

$$\frac{\partial \rho v_1}{\partial x}\Delta D \Delta t，\qquad \frac{\partial \rho v_3}{\partial z}\Delta D \Delta t.$$

最终，它们的总和是

$$\left(\frac{\partial \rho v_1}{\partial x} + \frac{\partial \rho v_2}{\partial y} + \frac{\partial \rho v_3}{\partial z}\right)\Delta D \Delta t.$$

另一方面,D 内存在不同程度的质量损失,根据密度按时间变化($\partial\rho/\partial t$)而造成损失这一点,得到的损失为

$$-\frac{\partial\rho}{\partial t}\Delta D\Delta t.$$

假设除此之外,在 D 内没有发生其他变化,那么,它们理应是相等的,则

$$\left(\frac{\partial\rho v_1}{\partial x}+\frac{\partial\rho v_2}{\partial y}+\frac{\partial\rho v_3}{\partial z}\right)\Delta D\Delta t=-\frac{\partial\rho}{\partial t}\Delta D\Delta t,$$

由于是在单位时间和单位体积的范围内计算,两边可以同时除以 $\Delta D\Delta t$,得到

$$\frac{\partial\rho v_1}{\partial x}+\frac{\partial\rho v_2}{\partial y}+\frac{\partial\rho v_3}{\partial z}=\mathrm{div}\rho V=-\frac{\partial\rho}{\partial t}.$$

可见,$\mathrm{div}\rho V$ 表示每单位时间内每单位体积的质量损失. 因此,它才被称为散度.

通过移项,得到

$$\mathrm{div}\rho V+\frac{\partial\rho}{\partial t}=0,$$

如果流动不是由时间引起的(＝定常),就得到 $\partial\rho/\partial t=0$. 因此 $\mathrm{div}\rho V=0$.

像水这种密度保持不变的流体称为不可压缩流体. 不可压缩流体的流动,由于 $\rho=$ 常数,则 $\partial\rho/\partial t=0$,因此,$0=\mathrm{div}\rho V=\rho\mathrm{div}V$,得到 $\mathrm{div}V=0$. 这个 $\mathrm{div}V=0$ 也称为不可压缩性的条件. 相反,气体,比如空气、或者蒸汽,由于密度不恒定而被称为可压缩流体. $\mathrm{div}V>0$ 时,是向外涌出;而 $\mathrm{div}V<0$ 时,是吸入内部.

另外,在散度中还有一条著名的定理——高斯定理.

由于篇幅的关系,这儿我们就不具体讲解高斯定理了. 高斯

定理是在对流量的研究过程中自然而然产生的. 在实际计算过程中, 体积积分和面积积分的相互转换正是建立在这条重要定理基础之上的.

研究流量找高斯

第 62 讲   rot, curl
地球的旋转

　　rot 是 rotation(旋度)的缩略语,它也被用在矢量解析中. 矢量解析是物理和工学中不可或缺的工具.

　　某个空间所取的坐标是(x, y, z),这个空间内的一点 P 记作 $P(x, y, z)$. 每一点 $P(x, y, z)$ 上的矢量函数 $F(x, y, z) = (f(x, y, z), g(x, y, z), h(x, y, z))$ 定义一个矢量场. 例如,对于水的流动,水中的任意一点 $P(x, y, z)$ 处的流速是 $V(x, y, z)$,由于它是一个带有大小和方向的矢量函数,因此,它表示的是一个矢量场.

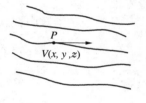

　　现在,考虑某一个矢量场 F 以及 F 的各个成分的偏微商 $\partial f/\partial x$, $\partial g/\partial y$, $\partial h/\partial z$,我们得到一个矢量 $(\partial f/\partial x, \partial g/\partial y, \partial h/\partial z)$. 采用 ∇(纳布拉)算符对仅仅是偏微商的符号部分作出矢量意义上的表示,写成

$$\nabla = \left(\frac{\partial}{\partial x}, \frac{\partial}{\partial y}, \frac{\partial}{\partial z}\right),$$

那么,$(\partial f/\partial x, \partial g/\partial y, \partial h/\partial z)$ 看成是 ∇ 对矢量 F 作用的结果,写成

$$\nabla F = \left(\frac{\partial f}{\partial x}, \frac{\partial g}{\partial y}, \frac{\partial h}{\partial z}\right).$$

　　换个角度来看,∇ 作为形式意义上的矢量,∇ 和 F 作为形式意义上的外积. 则

$$\nabla \times F = \left(\frac{\partial h}{\partial y} - \frac{\partial g}{\partial z}, \frac{\partial f}{\partial z} - \frac{\partial h}{\partial x}, \frac{\partial g}{\partial x} - \frac{\partial f}{\partial y}\right),$$

这个矢量称为旋度,记作 rot$F$,也有人写成 curl$F$.

名副其实,rot 记述旋转的现象.

让我们来看一下 rot 的物理意义.

位于每个点 $P(x, y, z)$处的速度矢量记作 $V(x, y, z)$,将 $V(x, y, z)$在某一点 $P(x_0, y_0, z_0)$作泰勒展开. 由

$$\Delta x = x - x_0, \Delta y = y - y_0, \Delta z = z - z_0$$

得到

$$V(x, y, z) = V(x_0, y_0, z_0) + \frac{\partial V}{\partial x}\Delta x + \frac{\partial V}{\partial y}\Delta y + \frac{\partial V}{\partial z}\Delta z + (二$$

阶以上的高阶项).

对此没有必要进行复杂的思考. 我们现在需要的不是一步一步地计算,而是整体的流畅和思考方法的介绍. 因此,可以从单变量着手.

在单变量函数中,当 $\Delta x = x - x_0$ 的值很小时,由

$$\frac{f(x) - f(x_0)}{x - x_0} \doteqdot f'(x)$$

得到

$$f(x) \doteqdot f(x_0) + f'(x)(x - x_0)$$
$$= f(x_0) + f'(x)\Delta x.$$

原本,这后面还有一串二阶以上的项. 我们可以认为这同样适用于多变量函数.

现在只讨论非常接近点 $P(x_0, y_0, z_0)$的情况. 在忽略二阶以上项的前提下,得到

$$V(x, y, z) = V(x_0, y_0, z_0) + \frac{\partial V}{\partial x}\Delta x + \frac{\partial V}{\partial y}\Delta y + \frac{\partial V}{\partial z}\Delta z.$$

$$V(x, y, z) = (v_1(x, y, z), v_2(x, y, z), v_3(x, y, z)),$$

简单地写成 $V = (v_1, v_2, v_3)$,则

$$\frac{\partial V}{\partial x} = \left(\frac{\partial v_1}{\partial x}, \frac{\partial v_2}{\partial x}, \frac{\partial v_3}{\partial x}\right) = (a_{11}, a_{12}, a_{13}),$$

其中，$a_{11} = \partial v_1/\partial x$，$a_{12} = \partial v_2/\partial x$，$a_{13} = \partial v_3/\partial x$．同样地分别写出：$\partial V/\partial y = (a_{21}, a_{22}, a_{23})$，$\partial V/\partial z = (a_{31}, a_{32}, a_{33})$．

由它们组成的矩阵记作 $A = (a_{ij})$．按常规来说，矩阵 A 一般能写成对称矩阵 B 和反对称矩阵 C 的和．的确，如果 $B = 1/2(A + {}^tA)$，$C = 1/2(A - {}^tA)$，就得到 $A = B + C$．这儿，${}^tA$ 是由 A 的行与列互换而来的矩阵，称为转置矩阵．

那么，上式可以写成

$$V(x, y, z) = V(x_0, y_0, z_0) + A^t(\Delta x, \Delta y, \Delta z)$$
$$= V(x_0, y_0, z_0) + (B + C)^t(\Delta x, \Delta y, \Delta z)$$
$$= V(x_0, y_0, z_0) + B^t(\Delta x, \Delta y, \Delta z) + C^t(\Delta x, \Delta y, \Delta z)$$

$${}^t(\Delta x, \Delta y, \Delta z) = \begin{pmatrix} \Delta x \\ \Delta y \\ \Delta z \end{pmatrix}.$$

首先，讨论第 2 项 $B^t(\Delta x, \Delta y, \Delta z)$．

由于 B 是对称矩阵，通过一个恰当的正交矩阵能够对角化，得到对角矩阵

$$\begin{pmatrix} \lambda_1 & 0 & 0 \\ 0 & \lambda_2 & 0 \\ 0 & 0 & \lambda_3 \end{pmatrix} \quad (\lambda_1, \lambda_2, \lambda_3 \text{ 为 } B \text{ 的特征值}).$$

这时，$(\Delta x, \Delta y, \Delta z)$ 通过正交矩阵变换成 $(\delta_1, \delta_2, \delta_3)$．这一项写成 $(\lambda_1\delta_1, \lambda_2\delta_2, \lambda_3\delta_3)$，意味着在点 $P(x_0, y_0, z_0)$ 处，沿着 δ_1，δ_2，δ_3 方向存在 λ_1，λ_2，λ_3 倍的伸缩运动．

接着讨论第 3 项 $C^t(\Delta x, \Delta y, \Delta z)$．

假设 $C = (c_{ij})$，则

$$c_{ij} = \frac{1}{2}(a_{ij} - a_{ji}).$$

由 $c_{ii} = 0$ 和 $c_{ij} = -c_{ji}$ 不难得到

$C^t(\Delta x, \Delta y, \Delta z)$

$\quad = {}^t(c_{12}\Delta y + c_{13}\Delta z, c_{21}\Delta x + c_{23}\Delta z, c_{31}\Delta x + c_{32}\Delta y)$

$\quad = {}^t((\Delta x, \Delta y, \Delta z) \times (c_{23}, c_{31}, c_{12}))$ （×是外积的符号）.

并且, $\mathrm{rot}V = (\dfrac{\partial v_3}{\partial y} - \dfrac{\partial v_2}{\partial z}, \dfrac{\partial v_1}{\partial z} - \dfrac{\partial v_3}{\partial x}, \dfrac{\partial v_2}{\partial x} - \dfrac{\partial v_1}{\partial y})$, 因此

$$c_{12} = \frac{1}{2}(a_{12} - a_{21}) = \frac{1}{2}(\frac{\partial v_2}{\partial x} - \frac{\partial v_1}{\partial y})$$

$$= \frac{1}{2}(\mathrm{rot}V \text{ 的第三个成分}).$$

依此类推

$$c_{23} = \frac{1}{2}(\mathrm{rot}V \text{ 的第一个成分}),$$

$$c_{31} = \frac{1}{2}(\mathrm{rot}V \text{ 的第二个成分}).$$

因此, 得到

$$(c_{23}, c_{31}, c_{12}) = \frac{1}{2}\mathrm{rot}V = \frac{1}{2}(\boldsymbol{\nabla} \times V).$$

这时, 为了确切地观察所发生的情况, 可以分别分析 xy 平面、yz 平面和 zx 平面.

$C^t(\Delta x, \Delta y, \Delta z)$

$\quad = {}^t(c_{12}\Delta y + c_{13}\Delta z, c_{21}\Delta x + c_{23}\Delta z, c_{31}\Delta x + c_{32}\Delta y)$

$\quad = {}^t(c_{12}\Delta y, c_{21}\Delta x, 0) + {}^t(0, c_{23}\Delta z, c_{32}\Delta y) + {}^t(c_{13}\Delta z, 0, c_{31}\Delta x)$.

第 1 项中, z 项的值是 0, 在 xy 平面内移动, 能写成

$$ {}^t(c_{12}\Delta y, c_{21}\Delta x, 0) = \begin{pmatrix} 0 & c_{12} & 0 \\ c_{21} & 0 & 0 \\ 0 & 0 & 0 \end{pmatrix} \begin{pmatrix} \Delta x \\ \Delta y \\ \Delta z \end{pmatrix}$$

$$= D^t(\Delta x, \Delta y, \Delta z).$$

现在,讨论 $t = 0$ 时的 $\mathrm{d}\omega(t)/\mathrm{d}t$(意味着 $\omega(t)$ 的所有成分在 t 处微分),就是说如果 $t = 0$,那么得到矩阵 D.这个第 1 项说明绕 z 轴作角速度 c_{12} 的转动.其他的 2 个项也分别说明了绕 x 轴和 y 轴的转动.

在江河流淌的时候,河中任何一点处,河水本身一边旋转,一边流动.每一个点上得到 $\nabla \times V = \mathrm{rot}V$. $\mathrm{rot}V$ 的各个成分等于围绕各自的轴转动的角速度的 2 倍,由此,称这种矢量为旋度.讲完喽,是有那么点难度呐.

第 63 讲 $\Gamma(s)$
$n!$ 的扩展

$\Gamma(s)$ 称为 Γ(伽玛)函数,定义在 $s > 0$ 上.

$\Gamma(s)$ 具有以下性质:

$$\Gamma(s+1) = s\Gamma(s),$$

$$\Gamma(1) = 1.$$

当 s 是自然数 n 时,则

$$\begin{aligned}
\Gamma(n+1) &= n\Gamma(n) \\
&= n(n-1)\Gamma(n-1) = \cdots \\
&= n(n-1)(n-2)(n-3)\cdots 1\Gamma(1) \\
&= n!.
\end{aligned}$$

因此,Γ 函数把 $n!$ 中的 n 从自然数的情况扩展到正实数的情况.

在实数 $s > 0$ 的条件下,Γ 函数定义为

$$\Gamma(s) = \int_0^\infty e^{-x} x^{s-1} \mathrm{d}x.$$

通过这个定义式可以论证上述两条性质.

$$\Gamma(1) = \int_0^\infty e^{-x}\mathrm{d}x = -e^{-x}\Big|_0^\infty = 1,$$

$$\Gamma(s+1) = \int_0^\infty e^{-x}x^s\,\mathrm{d}x \qquad \text{(进行部分积分)}$$

$$= -e^{-x}x^s\Big|_0^\infty + \int_0^\infty e^{-x} s\,x^{s-1}\mathrm{d}x\left(-e^{-x}x^s \xrightarrow[\substack{x\to\infty \\ x\to 0}]{} 0\right)$$

$$= \int e^{-x} s\, x^{s-1}\, \mathrm{d}x = s\int_0^\infty e^{-x} x^{s-1}\, \mathrm{d}x = s\Gamma(s).$$

另外,还有

$$\Gamma\left(\frac{1}{2}\right) = \int_0^\infty e^{-x} x^{-\frac{1}{2}}\, \mathrm{d}x = \sqrt{\pi},$$

用 $x = t^2$ 代换后,得到

$$\Gamma\left(\frac{1}{2}\right) = 2\int_0^\infty e^{-t^2}\, \mathrm{d}t$$

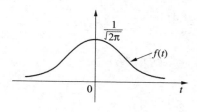

这个简单的表达式.

这个积分是看看简单,算算并不容易.

等式右边出现的函数稍稍变换一下,得到

$$f(t) = \frac{1}{\sqrt{2\pi}} e^{-\frac{t^2}{2}}.$$

它是一个标准正态分布的分布密度函数,使用在统计学中. 人们已经编制了标准正态分布的数值表,利用它不用一个一个计算积分就能得到概率. 但这并不是说讨论这个函数的积分是没有意义的. 我们可以通过重积分的方法来计算. 最初计算这个积分的是

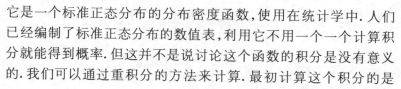

18 世纪的法国数学家拉普拉斯,他在《概率的解析理论》一书中计算了它. 拉普拉斯的计算方法接近于现在常用的方法.

求解

$$I = \int_0^\infty e^{-x^2}\, \mathrm{d}x,$$

可以将它变成

$$I^2 = \int_0^\infty e^{-x^2}\, \mathrm{d}x \cdot \int_0^\infty e^{-x^2}\, \mathrm{d}x.$$

然后,按下列步骤计算.由于前后两个积分之间没有联系,设后面的变量为 y,则

$$I^2 = \int_0^\infty e^{-x^2}\,\mathrm{d}x \cdot \int_0^\infty e^{-y^2}\,\mathrm{d}y.$$

其实,$f(x) = e^{-x^2}$ 且 $g(y) = e^{-y^2}$,这两个在 $[0,\infty)$ 区间内都是连续函数,并各自独立,所以,在 $\Omega = [0,\infty) \times [0,\infty)$ 区间内,下式

$$\iint_\Omega f(x)g(y)\mathrm{d}x\,\mathrm{d}y = \int_0^\infty f(x)\mathrm{d}x\int_0^\infty g(y)\mathrm{d}y$$

成立.问题就变成对

$$\iint_\Omega e^{-x^2}e^{-y^2}\,\mathrm{d}x\,\mathrm{d}y = \iint_\Omega e^{-x^2-y^2}\,\mathrm{d}x\,\mathrm{d}y$$

积分.

这里我们舍去详细完整的讨论,只取出极坐标中第一象限 $D = \left\{ (r,\theta) \mid 0 \leqslant r,\, 0 \leqslant \theta \leqslant \dfrac{\pi}{2} \right\}$ 的部分来计算,

$$\begin{aligned}
I^2 &= \iint_D e^{-x^2}e^{-y^2}\,\mathrm{d}x\,\mathrm{d}y \\
&= \iint_D e^{-r^2} r\,\mathrm{d}r\,\mathrm{d}\theta \\
&= \int_0^{\frac{\pi}{2}} \left(\int_0^\infty e^{-r^2} r\,\mathrm{d}r \right)\mathrm{d}\theta \\
&= \frac{\pi}{2}\left(-\frac{1}{2} \right)e^{-r^2} \Big|_0^\infty \\
&= \frac{\pi}{4}.
\end{aligned}$$

因此,$I = \dfrac{\sqrt{\pi}}{2}$,那么

$$\Gamma\left(\frac{1}{2}\right)=\sqrt{\pi}\ .$$

在计算定积分的过程中,另外一个经常出现的函数称为欧拉的 B(贝塔)函数.在 $p>0$, $q>0$ 时,

$$B(p,\ q)=\int_0^1 x^{p-1}(1-x)^{q-1}\mathrm{d}x.$$

并且 B 函数和 Γ 函数之间的关系是

$$B(p,\ q)=\Gamma(p)\Gamma(q)/\Gamma(p+q).$$

其实,Γ 函数还有一个别名是欧拉积分,这个公式也是由欧拉推导出来的.在 17 世纪,关于这个积分的性质,英国的沃利斯发现了其中的一部分,欧拉则是对此进行了系统化的展开.欧拉之后,又过了 1 个世纪,俄国的切比雪夫(Chebyshev, P. L.)将 B 函数一般化.伴随着统计或者概率中的密度函数,它们屡次出场.$n!$ 和 $_nC_m$ 不是毫无瓜葛,而且 $_nC_m$ 与概率有着根深蒂固的联系.因此这几个以及强壮起来的 $\Gamma(s)$ 和 $B(p,\ q)$ 与统计或者概率紧密联合在一起也是理所当然的事.

终于到了该分手的时候了.希望你们和我一起体会了数学的成长过程.经过漫长的世纪旅程,数学积累了无数的发现和成就.在不同领域的学习和研究过程中,数学也是一种分析工具.它背负着人类的文化和文明的使命,不断向前迈进.

希腊字母表及其惯用方法

　　古代希腊是学问的中心,尤其是数学(在当时,数学指的是几何学),占据了极大的位置.遗憾的是没有找到一种表示数字的恰当的进位制计数法,所以,在数字上采用希腊字母进行计算这一方面没有得到发展.现在,希腊字母作为数学符号而被广泛使用.下面在数学范围内列出了它们的主要使用实例.

A, α　alpha　用来表示二次方程的根(解)等等.和 β 同时使用,说明根和系数的关系.除此之外,用来表示角度或者复数.离开数学,还有 α 射线和 α 微波的用法.

B, β　beta　与 α 一样,用来表示二次方程的根(解)或者角度,以及欧拉想到的 B 函数.离开数学,有 β 射线和 β 微波的用法.

Γ, γ　gamma　表示由阶乘! 扩展的 Γ 函数.小写的 γ 表示欧拉常数.欧拉常数 $\gamma = 0.57721566\cdots = \lim\limits_{n \to \infty}(1 + \dfrac{1}{2} + \dfrac{1}{3} + \cdots + \dfrac{1}{n} - \ln n)$. 还有著名的 γ 射线.

Δ, δ　delta　在微分计算中,Δ 是拉普拉斯算符($\dfrac{\partial^2}{\partial x^2} + \dfrac{\partial^2}{\partial y^2} + \dfrac{\partial^2}{\partial z^2}$).用来表示增加量 Δ 和减少量 Δ. δ 表示狄拉克的超函数,称为狄拉克函数.作为数学方法的 $\varepsilon - \delta$ 语言叙述函数的连续性和收敛,让不少大学一年级的同学感到烦恼.

E, ε　epsilon　$\varepsilon - \delta$ 语言,ε 还用来表示误差或者微小的情况.并且,为了表示 $+1, -1$ 的符号,采用了 ε.

Z, ζ　zeta　以黎曼 ζ 函数闻名.

H, η eta   用来表示变量.

Θ, θ theta   表示角度的专有符号.

I, ι iota   其实,小写形式是 i 去掉头上一点,表示群的单位元.

K, κ kappa   小写的 κ 用来表示描述曲线弯曲程度的曲率.

Λ, λ lambda   小写的 λ 代表矩阵的特征值.

M, μ mu μ 用来表示统计中的均值、长度单位中的微米,在有关被称为测度论的积分的理论中表示测度(面积等).

N, ν nu   几乎不使用.

Ξ, ξ ksi   用来表示变量.

O, o omicron   兰道的符号.

Π, π pi Π 是无穷乘积的省略符号. π 是妇孺皆知的圆周率.

P, ρ rho ρ 代表密度、曲率半径、概率统计中的相关系数等等.

Σ, σ sigma Σ 是和的省略符号. σ 表示统计中的均方差(或标准差)、排列、测度论中的 σ 加法族等等.

T, τ tau   空间曲线靠弯曲和扭曲来表现,其中的扭曲用 τ 表示. 它也用在排列中.

Υ, υ upsilon   较少使用.

Φ, ϕ phi   使用在角度或者函数等方面. 空集的符号. 也代表欧拉角.

X, χ chi   概率统计中的 χ^2 分布. 用来表示被称为特征标的特殊函数以及在多面体的点、边、面相结合中出现的欧拉特征等等.

Ψ, ψ psi   表示函数或者角度.

Ω, ω omega Ω 表示概率空间. ω 表示角速度、1 的立方根($\omega^3 = 1$).

参 考 文 献

在数学历史方面,主要参考了以下读物.

1. 波尔约 《数学的历史》 1,2,3,4,5 朝仓书店

作者以各个时代的活跃人物为主线,是一本易读读物.

2. 格尔西·葛雷译《葛雷译的数学史》Ⅰ,Ⅱ,Ⅲ 大竹出版

作者出于讲课的目的,编写了这本数学史.按章分门别类,便于查阅.

3.《初等数学史》 上,下 共立全书

以古代、中世纪和近代作为历史划分,汇总而成的一本名著.

4.《π的历史》 苍树社

详尽叙述了有关 π 的历史.

有关数学内容,请不要怀疑我受到了哪一本书或者哪里听来的解释的影响.由于没法逐个核对,就从上述各种参考文献中寻求帮助.数学表述往往让人觉得似曾相识,我尽量避免重复一般的微积分书中或者线性代数书中的内容.

同时,为了核对所写的内容,我还参考了《数学辞典》(岩波书店)和《新数学事典》(大阪书籍).

注:人名和书名的翻译因各书作者或译者的不同而不同.在人名方面,我参考了事典,并且尽量与它们保持一致,但还是存在与这两本事典不同的地方.至于书名,我采用的是看到的第一种译法.

数 学 家

A

al-Tusi, Naisr al-Din 纳绥尔·丁·图西 （1201～1274） 伊朗 第 7、31 讲
    天文学家、哲学家、数学家和医生. 他的最大贡献在于使三角学不仅成为天文学的工具,而且成为数学的一部分. 他制作了一张计算到第三位六十进位制的正弦表,该表是每半度一个数值.

Aleksandrov, Pavel Sergeevich 亚历山德罗夫 （1896～1982） 苏联 第 52 讲
    代数拓扑几何学的创始人,确立了拓扑空间的概念,提出了同调论.

Antiphon 安提丰 （约 BC480～411） 希腊 第 15 讲
    一位诡辩学者,他认为圆的面积近似等于其内接多边形的面积.

Apianus, Petrus 阿皮安努斯 （1495～1552） 德国 第 23 讲
    在 1527 年完成名为 *Instrumentum sinuum sive primi* 的算术书,书中记载了二项系数的计算图.

Archimedes 阿基米德 （BC287? ～BC212） 希腊 第 6、15 讲
    古希腊的数学家、物理学家和建筑家,生于叙拉古. 当罗马帝国进犯叙拉古时,他运用机械技术来帮助防御,但在城破时遇害. 阿基米德定理、圆锥、圆柱体和内接球的体积、旋转体的体积、抛物线围成的面积、π 的值、重心的概念、精确确定物体重心的方法. 著有《论球体和圆柱体》《圆的测量》.

Argand, Jean Robert 阿尔甘 （1768～1822） 瑞士 第 11 讲

线性代数中的矢量计算法、复数的坐标表示法.

B

Banach, Stefan 巴拿赫 （1892~1945） 波兰 第 48 讲
　　巴拿赫空间的创始人,泛函分析的赋范线性空间理论. 主要著作《线性算子理论》(*Théorie des Opérations Linéaires*).

Barrow, Isaac 巴罗 （1630~1677） 英国 第 14、26 讲
　　研究切线时,发现求积问题和切线问题之间的互逆关系. 微积分学的先驱、牛顿的恩师.

Bernoulli, Johann 约翰·伯努利 （1667~1748） 第 21 讲
　　雅各的弟弟,微分方程式、最速降线、微积分解析法的普及.

Bernoulli, Jacob 雅各·伯努利 （1654~1705） 瑞士 第 23、24 讲
　　对数螺线和垂直线的研究、积分语言的创始、伯努利定理,主要著作《概率论》(*Ars Conjectandi*).

Bolyai, János 波尔约 （1802~1860） 匈牙利 第 19、26 讲
　　非欧几何学的创始人.

Bolzano, Bernhard 波尔查诺 （1781~1848） 奥地利 第 13、31、33、39 讲
　　数学家、哲学家和逻辑学家. 集合论的先驱,论证了连续函数的基本定理,认为任何数学都应建立在严格的逻辑结构上. 著有《科学论》《函数论》等.

Boole, George 布尔 （1815~1864） 英国 第 29 讲
　　数学家和逻辑学家. 不变量、协变量的确立者,符号伦理学、布尔代数的创始人,也是最早发现数的基本性质、例如分配性质的人之一. 著有《逻辑的数学分析》(*An Investigation into the Laws of Thought, on which are founded the Mathematical Theories of Logic and Probabilities*).

Bourbaki, Nicolas 布尔巴基 （?~1930） 法国 第 28 讲

布尔巴基是于 1935 年在法国成立的一个数学学派团体的笔名,成员不公开. 早期成员有韦依(Weil, André 1906～1998)、嘉当(Cartan, Henri Paul 1904～　)、迪厄多内(Dieudonné, Jean Alexandre Eugène 1906～1992)等,他们认为数学是结构的科学.

Brauer, Richard Dagobert　布劳尔　(1901～1977)　德国→美国　第 35 讲
直观主义、群论,主要是表现论. 在有限群,特别是有限单群方面取得成绩.

Briggs, Henry　布里格斯　(1561～1630)　英国　第 8 讲
他制作的常用对数表(小数点后第 14 位为止)在 1624 年出版,名为 *Arithmetica Logarithmica*.

C

Cantor, Georg　康托尔　(1845～1918)　德国　第 3、28、32、33 讲
数学家,出生在俄国. 提出无限集的序数和基数等概念,并建立超限序数理论、无理数理论、实变量函数论、傅立叶级数论、整数论. 著有《集合论基础》《超限数理论的建立》等.

Cardano, Girolamo　卡尔达诺　(1501～1576)　意大利　第 5 讲
数学家,医生. 1545 年出版了他的杰出数学著作《大术》(*Ars Magna*),书中介绍了三次和四次方程的解法.

Carnot, Lazare Nicolas Marguérite　卡诺　(1753～1823)　法国　第 47 讲
几何学家. 致力于将纯几何放在宇宙的范围内研究,建立了近代综合几何学的基础.

Cauchy, Augustin Louis　柯西　(1789～1857)　法国　第 13、14、27、31、39、42、57 讲
数学家. 用极限理论把微分、积分和无穷级数的概念严密化,与黎曼共同奠定了复变函数的基础,是行列式和群论的先驱者. 级数理论、数论、微分方程理论、函数论、行列式理论、柯西-施瓦兹不等式、柯西条件、柯西积分判别法、柯西准则、柯西定理等等. 著有《无穷小分析讲义》等.

Cavalieri, Bonaventura Francesco　卡瓦列利　（1598～1647）　意大利　第 15 讲

　　不可分原理成为影响积分计算发展的一个因素. 他的著作(*Exercitationes geometricae sex*)是 17 世纪数学学者们的主要读物.

Cayley, Arthur　凯莱　（1821～1895）　英国　第 42 讲

　　数学家,英国皇家天文学会会长. 代数不变量理论和矩阵论的奠基者之一,发展了矩阵的代数. 他在矩阵上的贡献被看作奠定了量子力学的基础. 椭圆函数论、不变量理论、解析几何学、微分方程式论、哈密顿-凯莱定理、抽象群、非欧几何、n 维解析几何.

Ceulen, Ludolph van　鲁道夫·范·科伊伦　（1540～1610）　德国　第 4 讲

　　一生致力于 π 的计算,通过计算到正 2^{62} 边形来得到圆周率的 35 位以上的小数值. 在德国,很长一段时间内,人们把 π 叫作"鲁道夫数".

Chebyshev, Pafnuty Lvovich　切比雪夫　（1821～1894）　俄罗斯　第 63 讲

　　第一位认识到正交多项式的一般概念的数学家,发现雅可比多项式的离散模拟. 整数论、平均值论、切比雪夫第一和第二多项式、切比雪夫不等式(概率论)、最小二乘(平方)逼近理论.

Clavius, Christopher　克拉维斯　（1538～1612）　德国　第 21 讲

　　作为天文学家,他在数学方面没有很大的成就. 但是,与其他 16 世纪的德国学者相比,他在数学知识的推广上做了许多工作,并且,他还是第一个使用小数点的科学家. 克拉维斯的算数书被许多数学学者使用,其中包括莱布尼兹和笛卡尔.

Cramér, Gabriel　克莱姆　（1704～1752）　瑞典　第 42、55 讲

　　克莱姆法则、代数曲线、几何学. 1750 年出版了他的名著(*Introduction à l'analyse des lignes courbes algébriques*).

D

d'Alembert, Jean Le Rond　达兰贝尔　（1717～1783）　法国　第 12、53 讲

　　数学家、物理学家和哲学家,《百科全书》的数学主编(组织者是丹尼

斯·狄德罗 Denis Diderot). 偏微方程(振动方程)的一般解、达兰贝尔判定法
(正项级数)、三体问题,著有《数学论文集》《力学原理》等.

De Moivre, Abraham　德·莫弗　（1667～1754）　英国　第 11、23、25 讲
　　原籍法国,数学家. 德·莫弗公式、概率论上的正态分布律、斯特林公
式. 著有《机会的学说》.

De Morgan Augustus　德·摩根　（1806～1871）　英国　第 29 讲
　　出生在印度. 数学家、逻辑学家、现代关系逻辑的开拓者,首次将关系以
及关系的关系符号化. 概率论、伦理学、德·摩根法则. 著有《形式逻辑》.

Dedekind, Julius Wihelm Richard　戴德金　（1831～1916）　德国　第 31、
33 讲
　　数学家. 建立了严密的实数理论,提出"理想"理论. 著有《连续性和无理
论》《代数数理论》.

Descartes, René　笛卡尔　（1596～1650）　法国　第 5、26、31、34、44 讲
　　哲学家、物理学家、数学家和生理学家. 解析几何的创始人,在大著作
《方法谈》的附录《几何学》(*La géométrie*)中创立了平面解析几何. 笛卡尔
积. 著有《科学的方法》、《方法序论》等.

Dirac, Paul Adrien Maurice　狄拉克　（1902～1984）　英国　第 53 讲
　　狄拉克测度或者狄拉克超函数、量子力学的狄拉克方程.

Dirichlet, Johann Peter Gustav Lejeune　狄利克雷　（1805～1859）　德国
第 53 讲
　　解析数论的创始. 代数学、类数二次形式的公式、无限级数、狄利克雷判
别法、狄利克雷函数.

E

Euclid, Eukleides　欧几里得　（BC325～BC265）　希腊的亚历山大　第 17、
22 讲
　　古希腊数学家. 名著《几何原本》(*The Elements*)是世界上最早的公理化

数学著作.

Euler, Leonhard 欧拉 （1707～1783） 瑞士→俄国 第 5、6、7、8、9、10、11、12、21、31、34、53、63 讲

不仅是成就广泛的数学家，还是力学家、天文学家、物理学家. 变分学和复变函数论的先驱，理论流体力学的创始人. 三角函数符号、π、欧拉常数、欧拉公式、多面体定理（欧拉公式）、有关命题的欧拉图等等，著有《无穷小引论》和《未完成的全集》87 卷.

F

Fermat, Pierre de 费马 （1601～1665） 法国 第 14、15、24、34 讲

数学家. 解析几何的创始人之一，也是概率论的创始人之一（另一位是帕斯卡）. 数论中的费马数和费马大定理.

Fields, John Charles 菲尔兹 （1863～1932） 加拿大 第 53 讲

主要研究代数函数论. 曾担任国际数学联合会（International Mathematical Union)的主席.

Fourier, Jean Baptiste Joseph 傅立叶 （1768～1830） 法国 第 7 讲

数学家和物理学家. 方程式理论、微分方程、傅立叶级数、偏微分方程理论、应用数学，名作《热的分析理论》(*Théorie analytique de la chaleur*)在1822 年出版.

Fréchet, Maurice René 弗雷歇 （1878～1973） 法国 第 52 讲

主要贡献在于确立点集的拓扑概念和定义并建立了抽象空间论. 他发现在尺度空间的函数及其演算公式、紧致的抽象概念. 统计学、概率论、演算.

Fujisawa, Rikitaroo 藤泽利喜太郎 （1861～1933） 日本 第 26 讲
数学教育、函数论、初等教育方面的教科书.

G

Galilei, Galileo 伽利略 （1564～1642） 意大利 第 15、47 讲

物理学家和天文学家,被称为近代物理学的始祖. 发明了比例尺. 著有《两种新科学的对话》.

Gauss, Carl Friedrich 高斯 (1777~1855) 德国 第 11、48、61 讲
数学家、物理学家和天文学家. 在纯数学和应用数学各方面作出巨大贡献,被誉为"数学之王". 数论(二次互逆定理、多项式的高斯定理、高斯域)、曲面论、无限级数理论、最小二乘法、复变函数论、双曲几何学、测地学等,著有 *Disquisitiones Arithmeticae*(1801)和微分几何上的名著 *Disquisitiones generales circa superficies curva*(1828)等等.

Girard, Albert 吉拉德 (1595~1632) 法国 第 21 讲
代数基本理论的早期想法. 在 1625 年翻译了斯蒂文的著作. 他还是第一个发现并定义斐波那契序列的递推关系公式的人.

Gödel, Kurt 哥德尔 (1906~1978) 德国→美国 第 35 讲
原籍奥地利的美国数学家. 第二次世界大战期间移居美国. 在数理逻辑学上有杰出贡献,以不完全性定理著名. 哥德尔数的导入、选择公理和连续域假设的无矛盾性的证明等. 1940 年著《集合论公理与选择公理的相容性和广义连续统假设的相容性》(*Consistency of the axiom of choice and of the generalized continuum-hypothesis with the axioms of set theory*)等.

Grassmann, Hermann Günther 格拉斯曼 (1809~1877) 德国 第 47 讲
主要成就在于矢量的一般演算. 他发明了现在称为"外代数"的学科. 多元数论·符号演算.

Green, George 格林 (1793~1841) 英国 第 59 讲
数理物理学者. 格林函数.

Gregory, James 格雷戈里 (1638~1675) 英国 第 8 讲
$\tan\theta$, $\arctan\theta$ 和 $\text{arcsec}\,\theta$ 的级数展开、无限级数敛散性的判定法、π 的无限级数表达式、发散级数.

H

Hadamard, Jacques Salomon 阿达玛 (1865~1963) 法国 第 39 讲

　　首位证明素数定理的人之一. 整数论、函数论、级数论、行列式论、积分方程式论、偏微分方程论、柯西-阿达玛公式、阿达玛定理(行列式)等.

Hamilton, Sir william Rowan　哈密顿　(1805～1865)　英国　第 16、47 讲
　　数学家和物理学家, 22 岁就成为天文学教授. 四元数的创始, 哈密顿-凯莱定理, 分析力学.

Hanke, Hermann　汉克尔　(1839～1873)　德国　第 16 讲
　　确立了形式不易原理. 汉克尔变换、汉克尔函数(第三类贝塞尔函数).

Hardy, Godefrey Harold　哈代　(1877～1947)　英国　第 13 讲
　　数学家. 将黎曼留下的关于 ζ 函数零点问题推进一步. 级数理论、解析数论、近代函数论. 著有《纯数学教程》和《发散级数》.

Harriot, Thomas　哈里奥特　(1560～1621)　英国　第 27 讲
　　在自然科学的各个领域都有贡献, 是他所在的那个时代的先驱. 特别是在方程求根上有突出贡献, 通过一种方法可以判定负根和复根. 还介绍了有限差插入法.

Hasse, Helmut　哈赛　(1898～1979)　德国　第 60 讲
　　哈赛矩阵和哈赛式. 介绍扩张高木类域理论(高木是著名的日本数学家之一).

Hausdorff, Felix　豪斯多夫　(1868～1942)　德国　第 52 讲
　　数学家, 在集合论和拓扑学作出贡献, 提出豪斯多夫空间. 1914 年初版、1927 年再版的教科书 *Grundzüge der Mengenlehre* 被誉为奠定了拓扑学的基本框架.

Heine, Heinrich Eduard　海涅　(1821～1881)　奥地利　第 36 讲
　　微分学、特殊函数、海涅-博雷尔定理.

Hérigone, Pierre K.　赫里贡　(1580～1643)　法国　第 17、19、20、23 讲
　　最主要的成就是他的著作 *Cursus mathematicus*, 全套 6 卷, 系统介绍了

数学和逻辑的概念.

Hermite, Charles　埃尔米特　（1822～1901）　法国　第 9、46 讲
　　整数论、不变量理论、方程式理论、函数论、椭圆函数论、埃尔米特多项式、埃尔米特二次型、埃尔米特矩阵,证明了 e 的超越性.

Heron of Alexandria　海伦　（约 10～约 75）　希腊　第 17 讲
　　重要的几何学家和机械学家,还是测量家、光学和气压学家.海伦公式等等.

Hilbert, David　希尔伯特　（1862～1943）　德国　第 35、48 讲
　　大数学家、现代数学的先驱.几何学基础论、代数数论、代数不变量理论、希尔伯特空间、形式主义的确立.著有《几何基础》等.

Hipparchos of Rhodes　喜帕恰斯　（BC190～BC120）　希腊　第 7 讲
　　古希腊天文学家和地理学家,球面三角法的创始人.立体投影法、天文学、一年的天数、地球到太阳和月亮的距离.

Huygens, Christiaan　惠更斯　（1629～1695）　荷兰　第 24 讲
　　荷兰物理学家、数学家和天文学家.创立光的波动说,用摆的等时性来设计时钟.离心力、弹性体、悬垂线、包络线、缩闭线.著有《掷骰子游戏的计算》.

J

Jacobi, Carl Gustav Jacob　雅可比　（1804～1851）　德国　第 57 讲
　　引进了雅可比矩阵和雅可比式等概念.整数论、行列式论、微分方程式论、变分学、无限级数论、椭圆函数论.著有《全集》8 卷.

Jones, William　琼斯　（1675～1749）　英国　第 6 讲
　　与欧拉同时独立用 π 表示圆周率.

K

Kepler, Johannes　开普勒　（1571～1630）　德国　第 8、15、47 讲

著名的天文学家. 普及对数的使用,在初等几何学中引入连续性的思想(这是微积分学的基础). 著有《宇宙的神秘》《光学》《哥白尼天文学概要》等.

Klügel, Georg Simon　克吕格尔　(1739~1812)　德国　第 7 讲

在三角学的研究上取得令人意外的成就,特别是研究发展了三角函数.

Kronecker, Leopold　克罗内克　(1823~1891)　德国　第 40、41 讲

克罗内克符号. 方程式论、代数数论、椭圆函数论、行列式理论、积分学、虚数乘法论.

Kuratowski, Kazimierz　库拉托夫斯基　(1896~1980)　波兰　第 52 讲

研究和发展拓扑学、点集拓扑、联结理论.

L

Lagrange, Joseph Louis　拉格朗日　(1736~1813)　法国　第 14 讲

数学家、天文学家和力学家. 原籍意大利. 数论、行列式理论、方程式理论、微分方程论、椭圆函数论、变分法(关于等周问题)、不变量理论. 著有《解析函数论》和《函数演算讲义》.

Lambert, Johann Heinrich　朗伯　(1728~1777)　德国　第 9、25、31 讲

双曲函数、朗伯级数、方程式论、超越数、计算尺、透视法.

Landau, Edmund Georg Hermann　兰道　(1877~1938)　德国　第 38 讲

函数论、解析数论、质因数的分布.

Laplace, Pierre-Simon　拉普拉斯　(1749~1827)　法国　第 17、42、55、63 讲

数学家、天文学和物理学家. 方程式理论、无限级数理论、行列式理论、微分方程论、微积分学、概率论、天体力学. 著有《概率论的解析理论》.

Leanardo, da Vinci　达·芬奇　(1452~1519)　意大利　第 47 讲

作为数学家,他研究了几何学. 透视画法、曲线和曲面的曲率. 他还是著名的画家、雕刻家、科学家和发明家.

Legendre, Adrien-Marie 勒让德 （1752～1833） 法国 第58讲
勒让德函数、勒让德多项式、数论（勒让德符号）、椭圆函数论.

Leibniz, Gottfried Wilhelm Freiher von 莱布尼兹 （1646～1716） 德国
第2、14、15、18、21、23、26、34、42、53、58讲
自然科学家、数学家和哲学家，1700年创办柏林科学院并任第一任院长，同牛顿并称为微积分的创始人. 也是微积分学符号的创始人，发现莱布尼茨定理. 著有《人类理智新论》《单子论》.

L'Huilier, Simon Antoine Jean 吕利埃 （1750～1840） 瑞士 第13讲
介绍了 lim 的概念，并且是第一个允许两边 lim 的人. 拓扑学、概率论.

Lobachevsky, Nikolai Ivanovich 罗巴切夫斯基 （1793～1856）
俄罗斯 第19讲
创立非欧几何. 积分学、微分方程理论、不变量的演算.

M

Maclaurin, Colin 马克劳林 （1698～1746） 英国 第10讲
马克劳林公式、马克劳林级数.1742年出版了他的主要著作 *Treatise of fluxions*.

Mandelbrot, Benoit B. 曼德布罗特 （1924～） 波兰→美国 第18讲
出生于波兰华沙，1958年定居美国. 是分形理论的创始人，提倡分形几何学.

Maxwell, James Clerk 麦克斯韦尔 （1831～1879） 英国 第47讲
物理学家. 电磁学的麦克斯韦尔方程式、偏微分方程式理论、矢量解析.

Mengoli, Pietro 蒙哥利 （1625～1686） 意大利 第8讲
研究三角形数的倒数的和. 首次证明一个数列当它的项趋于零时反而比已知数大的可能性. 寻找被证明收敛于 log 的调和级数.

Möbius, August Ferdinand 莫比乌斯 （1790～1868） 德国 第47讲

他介绍的一种现在称为莫比乌斯网的结构在射影几何的发展中起了重要的作用. 数论函数(莫比乌斯函数、莫比乌斯反转公式和莫比乌斯变换)、射影几何、莫比乌斯带.

N

Napier, John 纳皮尔 (1550～1617) 英国 第 2、4、8、9 讲

数学家. 对数的创始人, 在 1614 年出版的《奇妙的对数规律的描述》(*logarithmorum canonis descriptio*)中讨论了对数, 并且编制了对数表(0°至90°每 1 分的正弦对数表). 还著有《奇妙的对数规律的构造》和《筹算法》等.

Newton, Sir Isaac 牛顿 (1642～1727) 英国 第 9、14、15、21、26、31、34、58 讲

物理学家和天文学家, 同莱布尼兹并称为微积分的创始人. 二项式定理、根的近似值、插值公式、最小二乘法. 主要著作是《自然哲学的数学原理》(1686,1687).

O

Oughtred, William 奥特雷德 (1574～1660) 英国 第 2、18、19 讲

在他的主要著作 *Clavis Mathematicae*(1631)中出现了许多新符号, 其中有些使用至今, 譬如＋, π. 发明了计算尺的早期形式.

P

Pappus of Alexandria 帕普斯 (约 290～约 350) 希腊 第 19 讲

最后一位伟大的希腊几何学家, 他的定理中的一条被认为是现代射影几何的基础.

Pascal, Blaise 帕斯卡 (1623～1662) 法国 第 23、24 讲

数学家, 物理学家, 哲学家. 概率论的创始人之一(另一位是费马). 数学归纳法、帕斯卡三角形、计算器、摆线的研究. 著有《思想录》.

Peano, Giuseppe 皮亚诺 (1858～1932) 意大利 第 28、30 讲

意大利数学家和逻辑学家. 自然数论、皮亚诺公理、皮亚诺曲线、不变量

理论、符号逻辑学、国际共通言语的探索. 著有《微分和积分原理》.

Ptolemy, Claudius 托勒密 (约 85～约 165) 希腊 第 6,7 讲

古希腊数学家,天文学家和地理学家. 圆锥曲线、算术. 著有《天文学大成》(*Almagest*),书中论述了天文和几何学知识.

Pythagoras of Samos 毕达哥拉斯 (约 BC569～约 BC475) 希腊 第 5、7、17、31、48 讲

数学家和哲学家,以毕达哥拉斯定理(勾股定理)著名. 通晓几何、数论和音乐,赋予 mathēmatika(希腊语,原意是必须学的东西)数学的意思. 是毕达哥拉斯学派的创始人.

R

Ramus, Peter 拉姆斯 (1515～1572) 法国 第 6 讲

没有突出贡献的拉姆斯在数学的推广和应用上影响深远.

Rahn, Johann Heinrich 雷恩 (1622～1676) 瑞士 第 20 讲

1659 年出版的代数书中,首次使用÷表示除法.

Recorde, Robert 雷考德 (1510～1558) 英国 第 19、26 讲

著名的医生. 编撰了许多数学基础教科书. 在 1557 年出版的《智慧的砥石》中出现了等号.

Regiomontanus, Johann Müller 雷格蒙塔努斯 (1436～1476) 德国 第 7 讲

从事希腊数学著作的翻译工作,最初的一本是从天文角度、独立的系统描述的《三角法教科书》,改良对数表,对三角法的认识至今仍在使用.

Rheticus, Georg Joachim von Lauchen 雷蒂库斯 (1514～1574) 德国 第 7 讲

航海学家和测量家. 研究三角学.

Riccati, Jacopo Franceco 黎卡提 (1676～1754) 意大利 第 25 讲

微分方程理论、微分几何学.

Riccati, Vincenzo　小黎卡提　（1707～1775）　意大利　第 25 讲

雅各布·黎卡提第二个儿子.继承父亲的工作,研究积分和微分方程,特别是在双曲函数上.

Riemann, Georg Friedrich Bernhard　黎曼　（1826～1866）　德国　第 12、26 讲

数学家,是黎曼几何的创始人.黎曼积分理论、函数论(导入黎曼 ζ 函数)、微分方程理论、偏微分方程理论、阿贝尔函数理论、三角级数理论,引入流形的概念.

Rudolf, Christoff　鲁道夫　（1499～1545）　奥地利　第 5 讲

第一位使用根号表现平方根、立方根和四次方根.

Russell, Bertrand Arthur　罗素　（1872～1970）　英国　第 35 讲

20 世纪最重要的逻辑学家之一, 还是哲学家和数学家.最重要的著作是与怀特海合著的《数学原理》[*Principia Mathematica* （1910, 1912, 1913)].数理哲学、数学基础论、符号伦理学、罗素悖论.

S

Sarrus, Pierre Frederic　萨鲁斯　（1798～1861）　法国　第 40 讲

1833 年发明了著名的萨鲁斯方法,在日本称为对角线法则.

Schur, Issai　舒尔　（1875～1941）　第 46 讲

出生在俄罗斯的德国数学家.舒尔定理、代数学方程式论、群论,Gruppen-Matrix 理论.

Schwarz, Hermann Amandus　施瓦兹　（1843～1921）　德国　第 27 讲

柯西-施瓦兹不等式、等角写像、施瓦兹微分、平均值定理、微积分学、函数论、椭圆函数论、微分方程式论、积分方程式论.

Schwartz, Laurent　施瓦兹　（1915～2002）　法国　第 53 讲

第二届菲尔兹奖得主(1950),发现超函数概念.还以研究蝴蝶而出名.

Stevin, Simon 斯蒂文 (1548～1620) 荷兰 第 4、31、47 讲

数学家和物理学家.研究数学和力学,排水风车的效率计算,提倡十进位制的计量单位.还发现了力的平行四边形法则.著有《静力学原理》《十进制算术》等.

Stifel, Michael 施蒂斐 (1487～1567) 德国 第 21 讲

从等差数列和等比数列研究对数理论的基本关系.

Stirling, James 斯特林 (1692～1770) 英国 第 23 讲

斯特林公式、斯特林插值公式.

T

Takebe Katahiroo 建部贤弘 (1664～1739) 日本 第 6 讲

日本古典数学鼻祖关孝和的高徒,日本数学算法之原理的完成者.著有《研几算法》《发微算法演段谚解》.校订了关孝和的著作《解隐题之法》等.

Taylor, Brook 泰勒 (1685～1731) 英国 第 7、10 讲

泰勒级数,发现波动方程式.

Theon of Alexandria 席恩 (约375～约405) 希腊 第 5 讲

以给别人的著作作出注释而闻名,包括托勒密的《天文学大成》和欧几里得的《几何原本》等.

Thom, René 托姆 (1923～2002) 法国 第 35 讲

获得第四届菲尔兹奖(1958).研究拓扑几何学,是实变理论(catastrophe theory)的开祖.

Thomson, James 汤姆森 英国 (生死年月不详) 第 7 讲

威廉姆·汤姆森(Thomson, William)的父亲,克拉斯沃大学的数学教授.

Toeplitz, Otto　托普利兹　（1881～1940）　德国　第 46 讲
　　托普利兹定理、多项式理论.

Torricelli, Evangelista　托里切利　（1608～1647）　意大利　第 15 讲
　　拓展卡瓦列利的不可分原理至曲线的应用,研究旋转体的求积.

V

Viète, François　韦达　（1540～1603）　法国　第 5、6、21、44 讲
　　符号代数的原理和方法的确立,三次四次方程式的一般解法及韦达定理,π 的无限积表示,被誉为"代数之父". 著有《标准数学》《论方程的整理与修正》和《分析术引论》.

W

Wallis, John　沃利斯　（1616～1703）　英国　第 3、6、26、63 讲
　　第一个使用∞、求积法.

Weierstrass, Karl　魏尔施特拉斯　（1815～1897）　德国　第 31、33、36、37、39、48 讲
　　数学家,现代函数论的创始人之一,在变分法、微分几何、线性代数有重大贡献,著有《全集》8 卷. 一般函数论、无理数论、椭圆函数论、阿贝尔函数论、变分学.

Wessel, Caspar　威塞尔　（1745～1818）　丹麦 第 11、47 讲
　　复平面的倡议者.

Whitehead, Alfred North　怀特海　（1861～1947）　英国　第 35 讲
　　哲学家和数学家. 与罗素共著《数学原理》等.

Widmann, Johannes　韦德曼　（1469～1496）　德国　第 1 讲
　　算术之父. 他的名著是《适合所有商业的漂亮敏捷的计算法》.

Wright, Edward　赖特　（1561～1615）　英国　第 2、26 讲
　　编写了纳皮尔对数的注释本.

Z

祖冲之　（429～501）　中国南北朝时期南朝科学家　第 6 讲
　　著有缀术,可惜已经失传.计算 π 的值到 7 位小数.

参考资料

　　1. 岩波数学辞典(第 3 版)　日本数学会编集　岩波书店　1985.12.10
　　2. 数学手册　矢野健太郎监修　森北出版(株)　1986.6.2
　　3. 新数学事典　一松　信等　大阪书籍(株)　1979.11.21
　　4. 数学小辞典　矢野健太郎　共立出版　1970.11.20
　　5. 数学英和·和英辞典　小松　勇作　共立出版　1979.7.15
　　6. 辞海　辞海编辑委员会　上海辞书出版社　1999 版缩印本
2000.1
　　7. The biographies in the Mathematical MacTutor History of Mathematics Archive at the School of Mathematical and Computational Sciences at the University of St Andrews.

索　引

图书在版编目（CIP）数据

数学符号理解手册：修订版 /（日）黑木哲德著；
赵雪梅译. —上海：学林出版社，2022
ISBN 978-7-5486-1918-5

Ⅰ. ①数… Ⅱ. ①黑… ②赵… Ⅲ. ①数学－符号－
基本知识 Ⅳ. ①O1-0

中国版本图书馆 CIP 数据核字 (2022) 第 256068 号

责任编辑　张嵩澜　齐　力　吴耀根
封面设计　舒　樱

数学符号理解手册（修订版）
[日]黑木哲德 著
赵雪梅 译

出　　版　学林出版社
　　　　　（201101　上海市闵行区号景路159弄C座）
发　　行　上海人民出版社发行中心
　　　　　（201101　上海市闵行区号景路159弄C座）
印　　刷　上海商务联西印刷有限公司
开　　本　890×1240　1/32
印　　张　9.25
字　　数　22万
版　　次　2023年2月第1版
印　　次　2024年3月第3次印刷
ISBN 978-7-5486-1918-5/G·739
定　　价　48.00元